U0187869

内埋热源早龄期混凝土热湿特性与变形

刘琳 / 著

NEIMAI REYUAN ZAOLINGQI HUNNINGTU
RESHI TEXING YU BIANXING

中国纺织出版社有限公司

内 容 提 要

本书基于热湿力耦合效应，以内埋自限温伴热带早龄期混凝土为研究对象，讨论了内埋热源早龄期混凝土热湿特性、变形与开裂机理。主要介绍了内埋热源早龄期混凝土变形的基本原理及研究现状，内埋热源对混凝土温度场、湿度场的作用机理及温度场、湿度场分布变化规律，内埋热源对混凝土变形的作用机理及对混凝土抗裂性能的影响。本书旨在通过对内埋热源混凝土温度、湿度、应力分布变化规律的研究，进一步促进自限温伴热带等热源在混凝土加热养护中的合理使用。

本书可作为土木工程专业本科生、研究生的参考用书，也可供相关专业的科研人员、设计和施工人员参考。

图书在版编目（CIP）数据

内埋热源早龄期混凝土热湿特性与变形/刘琳著. --北京：中国纺织出版社有限公司，2022.1
ISBN 978-7-5180-9051-8

Ⅰ. ①内… Ⅱ. ①刘… Ⅲ. ①混凝土—热湿舒适性—研究②混凝土—变形—研究 Ⅳ. ①TU528

中国版本图书馆 CIP 数据核字（2021）第 213021 号

责任编辑：孔会云　　特约编辑：陈怡晓　　责任校对：王花妮
责任印制：何　建

中国纺织出版社有限公司出版发行
地址：北京市朝阳区百子湾东里 A407 号楼　邮政编码：100124
销售电话：010—67004422　传真：010—87155801
http://www.c-textilep.com
中国纺织出版社天猫旗舰店
官方微博 http://weibo.com/2119887771
天津千鹤文化传播有限公司印刷　各地新华书店经销
2022 年 1 月第 1 版第 1 次印刷
开本：710×1000　1/16　印张：11
字数：168 千字　定价：88.00 元

前　言

我国北方冬季混凝土施工常需要加热养护。国内外相关领域对混凝土加热养护进行了大量研究，取得了丰硕的成果。但随着高层建筑及大体积混凝土构件的不断推广使用，传统的冬季养护方法受施工现场条件、场地空间转换、施工安全、环境污染等因素的影响，不适合北方地区冬季现场施工使用。研究人员开始采用一种新型混凝土加热养护方法，将自限温伴热带内埋于混凝土中，对混凝土直接加热，以满足冬季混凝土加热养护要求。

有研究表明，混凝土热湿变化及化学反应与早龄期混凝土变形有密切联系，且三者之间存在相互耦合作用。现有对早龄期混凝土热湿耦合的研究主要集中在常温条件，而冬季混凝土养护期温度变化幅值远大于常温条件，且内埋自限温伴热带后，混凝土温度场与热源存在较大温差，目前，这种空间和时间上的温差对混凝土早期热、湿、力学性能及材料发展的影响，我们还没有完全掌握，而这些正是影响该方法的应用推广和合理使用的因素。

因此，本书基于热湿耦合效应，以内埋自限温伴热带早龄期混凝土为研究对象，通过研究内埋热源作用下混凝土温度、湿度、应力分布变化规律，研究热源对混凝土结构早期传热、传湿、变形及抗裂性能的作用机理以及裂缝控制措施，为内埋热源混凝土加热养护方法的进一步研究应用提供基础。

本书基于内埋热源早龄期混凝土传热机制，提出了改进伴有热源放热的早龄期混凝土温度控制方程；研究影响温度场的内外条件，发现即使表面等效放热系数很低的构件，冬季也要考虑其表面的辐射放热；基于含水率、水化度对导热系数的影响，提出导热系数数学模型。

基于改进的温度控制方程，通过冬季室外混凝土温度场试验，得到内部温度变化分布规律，发现受伴热带影响，水化基本结束后温度总体缓慢下降，混凝土表层温度高于中心温度，但两者温差较小；伴热带停电时，伴热带附近区域混凝土降温梯度高于其他混凝土表面。通过数值分析，发现提高入模温度，增大导热系数，减小表面放热系数，提高环境温度和热源温度，都将提高混凝土温度峰值，其中提高热源温度作用最为显著。

本书对内埋热源早龄期混凝土的湿度场进行了深入研究，设计了内埋热源早龄期混凝土水分迁移试验,研究热源在湿度场的影响范围;设计了水化自干燥试验,测量混凝土不同内环境温度对自干燥时间的影响;设计了索瑞特试验,比较空间温度梯度和温度变化率对混凝土相对湿度的影响。基于索瑞特试验结果,提出湿热系数的两阶段数学计算模型,修正内埋热源早龄期混凝土水分运动模型,标定模型重要参数,基于热湿耦合计算,分析内埋热源混凝土湿度场分布变化规律。结果表明,伴热带埋深小于75mm将显著影响构件表面含水率;绝湿条件下,水化结束后,混凝土内环境温度变化是相对湿度变化的主要原因。

本书基于内埋热源早龄期混凝土变形试验,提出了热湿耦合条件下内埋热源早龄期混凝土的分阶段应变公式,分析了变形、应力场分布变化规律及影响因素。研究关键物理参数对宏观尺度混凝土抗裂性能的影响。结果表明,基于热湿耦合作用的混凝土变形研究更符合早龄期混凝土材料的变形特点;通过控制关键参数可以减少开裂风险;仅在热源表面2mm范围内发生延迟钙矾石现象,没有造成混凝土开裂。

由于时间和水平所限,书中疏漏之处在所难免,恳请各位读者对书中的不足之处给予批评指正。

刘 琳

2021 年 7 月

目　录

第1章 绪论

1.1 研究背景

我国西北、华北、东北等地区冬季受偏北风影响，气候特征主要表现为气温降低，日照时间较短，冬季持久，常伴有大风、雪、寒潮等天气过程。我国北方每年10月中上旬进入冬季，次年3月、4月冬季基本结束，冬季长达5~6个月。很多基础设施、大型工业民用建筑工期跨越数年，为了加快建设速度，变全年为有效工期，冬季施工成为很多工程必须采用的施工方案。混凝土冬季养护期相对于混凝土整个生命周期是一段短暂的时间。从混凝土尚有塑性开始，结束于混凝土强度已发展至不需要专门照料的时候，这段时期可以称为"早龄期"[1]。对于"早龄期"，瑞典水泥混凝土研究院 Berstrorn 指出，"为了确定要研究的范围，对于普通情况的普通混凝土，通常认为早龄期指强度发展到可以拆模的时期。"因此，书中所述"早龄期"指从开始浇筑混凝土至加热养护结束允许拆模这段时间。

早龄期混凝土材料性能发展是非常特殊和复杂的。养护温度较低时，刚刚浇筑的混凝土强度增长非常缓慢，当温度低于0℃后，由于水分冻结，混凝土强度增长几乎停止，且体积发生膨胀。同时，已有研究表明[2-4]混凝土初凝后逐渐硬化，早期变形由于受到约束将产生复杂的应力状态，拉应力超过抗拉强度导致混凝土早期开裂，据统计，该类裂缝约占总裂缝的70%以上[5-7]。此外，这个时期也是混凝土胶凝材料耐久性等主要性能发展至关重要的时期[8]。因此，冬季施工在满足工期，获得经济效益的同时，必须采用合理有效的养护方法，避免由于施工方法不当，造成混凝土受冻，达不到设计强度、体积膨胀开裂，影响其结构的耐久性，降低使用寿命，甚至降低其承载力使之失效[9]，从而产生大量的经济损失。

国内外针对混凝土冬季施工养护方法、温度控制、应力分析、抗裂措施等方面进行了大量的研究并取得了丰硕的成果，但随着高层建筑及大体积混凝土构件的不断推广使用，传统的冬季养护方法受现场施工条件、场地空间转换、施工安全、环境污染等因素的影响，越来越不适于北方地区现场施工使用。研究人员开始采用一种新型混凝土加热养护方法，通过将自限温伴热带内埋于混凝土中，对其直接放热加温，以满足混凝土冬季施工养护要求，克服施工现场带来的时空限制。

目前，内埋热源混凝土的相关研究主要集中在养护温度的控制方面，关于内埋热源混凝土变形的研究较少，相关试验方法、基本数据均比较缺乏[10-13]，这大大限制了该方法在施工现场的使用和推广。此外，内埋热源混凝土变形最重要的研究意义也在于内埋热源后，是否会导致混凝土开裂，引起混凝土抗裂性能的变化。因此，内埋热源混凝土变形及开裂机理的研究对该施工方法在现场的使用和推广具有根本性的意义。

1.2 内埋热源混凝土变形影响因素

有研究表明[14]，混凝土自浇筑开始，即发生各种变形，主要有化学减缩、自生体积变形、塑性收缩、干燥收缩、温度收缩、碳化收缩、徐变等，而这些变形与温度场、湿度场的改变有密切联系。比如，自生体积变形、塑性收缩、干燥收缩等都可以归因于混凝土湿度变化。化学减缩也就是水化收缩，是由于水化反应前后水化产物平均密度发生变化造成的，几乎所有的水硬性胶凝材料都会发生这种收缩。自生体积变形（自收缩）是在恒温、绝湿条件下，由于胶凝材料水化引起的混凝土体积变形，可以细化为由化学减缩引起的表观体积减小，即凝缩[15]，以及水泥水化体系内部形成孔隙，水化消耗水分引起孔隙内相对湿度降低造成的收缩，即自干燥收缩。对于普通硅酸盐水泥混凝土自生体积变形都是收缩[16-22]，塑性收缩一般终凝前较明显。混凝土塑性收缩的原因很多：混凝土自身重力、化学反应、水泥—水系统的体积缩减或模板的鼓胀或沉降等。干燥收缩是混凝土硬化后由于水分散失引起的体积减小。混凝土干缩与徐变都可假定主要与水化水泥浆体吸附水的迁移有关，差别在于干缩以混凝土与环境之间的相对湿度梯度为驱动力，而徐变以持续施加应力为驱动力。

混凝土温度变形的机理在于物质的热胀冷缩。冬季早龄期混凝土由于水泥水化热引起自身温度升高体积膨胀，降温后引起混凝土收缩。温度产生的变形与混凝土的热膨胀系数和温度升降的幅度有关[23]。对于冬季混凝土施工，水泥水化产生热量，浇筑加温养护会持续几天温升，混凝土是热的不良导体，散热条件较差，这样混凝土温度比环境温度高很多，在降温阶段混凝土会收缩，如果不采取有效的保温措施，减小内外温差，混凝土表面可能发生开裂。

碳化收缩是混凝土产生碳化作用引起的体积收缩变形。早龄期拆除模板前，混凝土不考虑干燥收缩、碳化收缩，而温度变形、自收缩变形是这一时期的主要变形。因此，温度变化、湿度变化及化学反应等是这些变形的主要原因。

同时，有研究表明，温度变化、湿度变化及化学反应三者在混凝土早期是相互影响、相互作用的。首先，作为温度场的重要表征，导热系数、比热容等热物理参数，受水分的影响，随含水率的升高而增高。同样，热膨胀系数作为表征混凝土温度变形的重要参数，受到包括相对湿度、粗骨料、水灰比、外加剂等因素的影响，并且随龄期增长呈规律性变化[24-25]。其次，对于水化期间的混凝土，水泥水化速度受温度变化的影响，温度直接影响水分消耗，影响混凝土的湿扩散系数以及表面水分蒸发率。更加需要注意的是，对于非饱和状态混凝土，温度变化会影响饱和蒸汽压，通过引起压力改变造成相应的自生体积变形。因此，热湿化的耦合作用影响也是混凝土体积变形的重要影响因素。

现有研究表明[13]，自限温伴热带集中放热会造成混凝土早期材料场空间和时间上的大梯度温差，而温差对混凝土早期性能和材料发展的影响，包括对早期混凝土传热、传湿及材料化学反应的影响，对早期混凝土温度场、湿度场、应力场三场的相互作用影响，对混凝土变形及抗裂性能等的影响，目前我们均不得而知，而这些正是影响该方法应用推广、合理使用的决定因素。

因此，为适应越来越复杂的冬季施工工艺及施工环境，针对现有研究的不足，本书通过对内埋热源混凝土内环境下传热、传湿特性及变形理论和相关试验研究，开展基于热湿传输理论的内埋热源早龄期混凝土结构变形、开裂机理研究，获得内埋热源混凝土传热、传湿特征，提出热湿力多场耦合条件下内埋热源早龄期混凝土应变计算方法，解决目前该施工工艺下冬季早龄期混凝土结构多场耦合缺乏模型和方法的问题，为优化加热养护设计方法和构造措施，创新冬季混凝土养护与工程应用奠定理论及技术基础。

1.3 自限温电伴热混凝土养护方法研究现状

电伴热带包括恒温型和变温型。早在 20 世纪 80 年代，苏联工程人员就使用过直径为 1.2mm 的镀锌线丝作为加热导线做成回路应用于混凝土加热养护中。2009年，俄罗斯联邦大厦工程梁板结构采用外搭暖棚加混凝土内部钢筋笼上绑扎电阻丝的冬季混凝土组合养护方法[26]。该项目采用直径为 1.2mm 铁芯电阻丝，混凝土升温速度控制在 10℃/h 内，降温速度控制在 5℃/h 内，最高养护温度为 40℃。利用成熟度法估算混凝土强度，当混凝土强度达到 80% 时停止供热。2010 年，倪锋在俄罗斯圣彼得堡市波罗的海明珠项目中采用内置电加热回路养护法[27]，即在混凝土内敷设电阻丝对混凝土加热，研究显示，加热导线属于恒功率型，不能自动调节，极易产生局部过热，引起导线烧毁和混凝土裂缝产生。2013 年，俄罗斯 TAF项目在 -20~-5℃ 的环境温度下，采用混凝土内埋恒功率加热导线加热保温施工方法[28]，该方法将导线缠绕在钢筋笼上内埋于混凝土中，导线距混凝土表面 5 ~ 10cm。利用成熟度法估算混凝土强度，当混凝土强度达到 40% 时停止供热，混凝土温度降低至 5℃ 后拆模。

随着材料产业日新月异的发展，自限温伴热带（self-regulating heater）出现，并应用于土木工程领域。以往这种材料广泛应用于石油、化工、电力、冶金、水泥、纺织、轻工、食品等工业部门的管道、阀门、机泵、槽罐、仪表保温箱等的防冻、防堵（对于低凝固点的物料）、防结晶等场合。近年来，由于其具有伴热特点，也逐步应用于建设领域，如隧道防渗漏冻害、道路防冻防裂、高层混凝土结构冬季养护等工程项目。

自限温伴热带是一种用电阻率正温度系数（简称 PTC）导电高聚物复合材料作为发热元件的带状电加热器（图 1-1）。1945 年，弗里德曼（Frydman）首先发现了聚合物材料中的 PTC 效应；1961 年，科学家柯勒（Kohler）提出产生 PTC 效应的原因是聚合物与炭黑间热膨胀系数的差异。导电高聚物复合材料 PTC 材料导电机理[29]：PTC 效应是正温度系数效应，其特点是材料电阻率在某一特定温度范围内基本维持不变或仅有微小变化，而当材料温度达到特定阀值时，材料电阻率发生突变迅速增大，增大值达到原电阻率的 $10^3 \sim 10^9$ 倍，即在低温时，PTC 材料的电阻较小，导电颗粒浓度超过某一临界值，形成了贯穿于聚合物材料中的导电网络；而当温度升高到特定值时，如接近聚合物晶体熔点时，聚合物材料体积发生膨胀，导电粒子（如炭黑、石墨）之间间距增大，使得材料在低温时形成的导电网络被破坏，材料的电阻急剧上升，即出现 PTC 效应。自限温伴热带正是运用了 PTC 效应技术，它的发热核心为聚合物导电复合材料，这种材料以高分子聚合物为基体，加入一定比例的炭黑、石墨或者金属氧化物等导电粒子复合而成。构造上聚合物导电复合材料包括两根铜导线作为平行电极，导电时在电极之间会存在电压电势，两个电极之间存在导电性高分子加热元件，电流流过电阻元件（导电性聚合物链段）电伴热带产生热量。

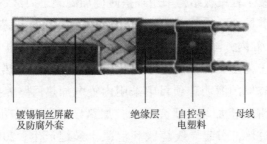

镀锡铜丝屏蔽　　　　绝缘层　　自控导　母线
及防腐外套　　　　　　　　　　电塑料

图 1-1　自限温伴热带结构图

相较于以往恒功率型放热材料易造成被加温物体局部过热，引起导线烧毁等缺点[30-31]，自限温伴热带具有基于被加热体系温度变化自动调节输出功率、自动调节自身表面温度，而无须增加其他设备的优点，即随周围温度升高，材料自身就会自动限制发热量，随周围温度降低，材料自身就会自动加大发热量，这就意味着该电伴热带装置不会发生过热现象。这是因为当被伴热体的温度较低时，聚合物处于收缩状态，导电粒子炭黑形成导电通路，电阻急剧减小，电伴热带产生较高的输出功率；当被伴热体的温度逐渐升高时，聚合物受热膨胀，压缩炭黑空间，使得导电通路减少，电阻急剧增加，电伴热带输出功率也随之减少；当被伴热体温度较高时，聚合物急剧膨胀，炭黑所形成的导电通路几乎完全切断，电伴热带输出功率接近于零，加热体系停止工作（图 1-2 和图 1-3）。

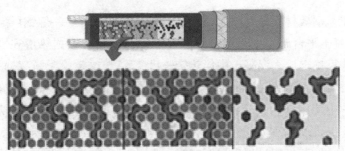

受冷时，导电塑料微分子收缩，接通电路　变暖时，导电塑料微分子膨胀，渐渐切断所有电路　温度继续升高，导电塑料微分子充分膨胀，几乎切断所有电路

图 1-2　自限温伴热带加热原理

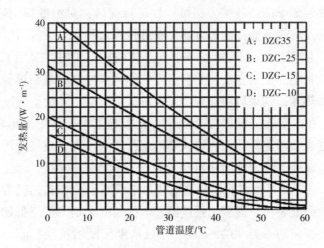

A：DZG35
B：DZG-25
C：DZG-15
D：DZG-10

图 1-3　低温型自限温伴热带功率温度关系曲线图

　　自限温伴热带通常分为高、中、低三个温度等级，温度范围见表 1-1。为提高材料利用率，自限温伴热带被设计成扁平形状，如图 1-1 所示。伴热带的宽度越宽，PTC 材料越多，PTC 内电路越多，伴热效果越好。按其断面尺寸，自限温伴热带通常分为通用型、窄型、宽型三种，断面宽度一般为 7~14mm，厚度一般为 2~6mm。通常，在不太寒冷的地区可使用 8mm 宽电伴热带，东北地区一般用 9mm 及以上宽度的电伴热带。

表 1-1　温度类型

温度类型	低温型	中温型	高温型
最高表面维持温度/℃	65±5	105±5	135±5
最高承受温度/℃	105	135	155

　　吕义勇在本钢板材股份有限公司炼钢厂冬季施工项目——炼钢厂 5 号转炉工程 9m 高钢筋混凝土平台施工中采用自限温伴热带，该项目根据热量守恒原理，设计铺设方案，计算确定放入混凝土中伴热带长度[32]。曹文清、吴承凌通过现场监测，在海河特大桥墩柱、鸭绿江界河大桥先后采用模板外侧铺设电热带发热保温养护，除在保温养护中使用外，采用浇筑前利用电伴热带加温浇筑结合面以提高施工质量[33-34]。这些成果大多是结合具体工程进行研究，依靠预先假定温度控制点埋入温度传感器进行控温，超过规定温度实施人为断电，造成局部或整条回路断电干预温度场。因此，无法形成稳定均匀的整体温度场，可能造成材料发展的不均匀性。

　　刘琳、郭金宝[10-13]对内埋自限温伴热带混凝土梁温度场进行了室外试验及数值模拟研究，提出了基于能量守恒的设计方法，但该研究只针对小尺寸梁构件温度场中自限温伴热带冬季加热养护方法可行性进行探讨，对温度场空间的分布规律、变形场、应力场及构件开裂控制等方面没有进行深入研究。

　　姚渊等[35]为满足示范区节点要求，在主体结构施工时，采用了将自控温电伴热带缠绕和绑扎在钢筋上的方法，配合温度控制器来控制电缆温度保证混凝土正常水化。混凝土加热养护结束后对混凝土强度进行了检测，强度达到设计要求。

　　张扬等[36]在北京雁栖湖国际会展中心楼板施工中，采用输出功率为 30W/m 的电伴热线路管道预埋在绑扎完成的钢筋网中，伴热 7 天，现场养护测温及混凝土强度效果良好，现浇混凝土楼面未出现受冻、开裂等质量问题。

　　佟琳等[37]基于热平衡方程，研究电伴热不同额定功率和铺设方式对混凝土强度的影响规律。研究表明，混凝土强度随着电伴热额定功率的降低回弹强度先增大后趋于稳定。在额定功率为 20W/m 时，不仅前期强度增长快，而且具有良好的经济性。相比铺设于上表面，在电伴热铺设于混凝土中部时早期回弹强度较低，但钻芯强度较高，且混凝土强度发展比较均匀，后期强度较高。

尽管自限温伴热带材料自身具有较多优点，但在混凝土结构冬季养护使用中仍存在一定的问题，如：

（1）尽管在很多工程实践及研究中证明，该方法在严寒地区冬季混凝土施工加热养护应用中是可行的，但目前缺乏对混凝土变形、材料抗裂性及相应控制方法的研究，现有研究成果仅局限在追求控制养护温度方面。

（2）自限温伴热带作为集中放热带状材料，通电后迅速达到材料表面控制温度并维持恒温，高温型伴热带表面温度可达135℃，低温型伴热带表面温度可达65℃，伴热带布置于混凝土内部后，从浇筑开始，整个通电过程与混凝土构件都存在较大温差，目前缺乏该温差对混凝土材料场时空发展影响的研究。

（3）混凝土温度场及应力场受诸多因素影响，施工方法是其中重要影响因素之一，电伴热材料作为附加温度对材料场影响的研究不够深入，没有厘清附加伴热材料温度对温度场、湿度场、变形场、应力场的作用机理，在使用中出现明显裂缝，如图1-4所示。2012年1月，沈阳某工程冬季混凝土采用低温自限温电伴热带加热

（a）布置电伴热带的混凝土剪力墙

（b）布置电伴热带的混凝土梁、柱

（c）布置电伴热带的混凝土柱、剪力墙

（d）拆模后剪力墙出现裂缝

图1-4 冬季沈阳某工程采用内埋伴热带养护

养护 1 天，龄期 7 天后拆模，其中剪力墙及混凝土柱、梁伴热带间距在 1~1.2m，伴热带绑扎于钢筋笼上，距混凝土表面 5cm 左右，拆模后在剪力墙顶层表面观察到裂缝，裂缝深度 20~50mm，梁、柱未观察到明显裂缝。

1.4　早龄期混凝土温度、应力研究现状

混凝土温度场对混凝土性能的发展有很重要的影响，20 世纪 20 世纪中期，美国垦务局、苏联水工研究院、日本京都大学等就针对大体积混凝土的设计、施工技术、控温标准及裂缝控制措施等方面进行了深入的研究。近 20 年来，国内外研究人员针对混凝土结构温度问题开展了大量的研究工作，Breugel 等[38] 通过研究混凝土硬化期间温度变化预测机制，证明温度变化与混凝土水化程度密切相关，通过试验研究了混凝土水化温度、水灰比以及材料配合比等与水化度之间的关系，提出了混凝土温控措施。Kanstad[39-40] 通过早龄期混凝土力学性能试验，基于等效龄期概念，研究早龄期混凝土弹性模量、抗压强度、抗拉强度等的变化公式，并针对不同类型的水泥给出了其公式参数的取值范围。Martinelli 等[41] 基于傅里叶方程，通过将绝热温升曲线模拟为水化热源，提出了传热公式和水化模型。通过 Arrhenius 方法模拟水化动力，通过考虑成熟度函数，提出了抗压强度和弹性模量的计算公式。

DeSchutter[42] 基于水化度开发水化程序，对水化过程的相关参数进行分析，描述早期混凝土的开裂行为。Lura[43] 比较引起自收缩的各种机制，从对自收缩定量建模适用性方面进行了评价，认为毛细管张力方法具有良好的机械和热力学基础，在处理连续变化的微观结构时，易应用于数值模型中，并基于毛细管张力方法，采用相对湿度、水化度和弹性模量等参数进行自生体积变形计算。Holt[44] 利用线性位移精确测量早期的自生收缩（<24h），在最终凝固时间后 4h 内，研究发现了化学物质与自身收缩相关性。研究表明，减水剂和骨料用量都影响自生收缩的程度。

Pane 等[45] 通过蠕变、热、自生变形、早期应力发育、水化动力学和早期应力预测等方面的试验提出了一种计算混凝土早期应力发展的方法。研究表明，基于水化热、松弛模量、自生收缩、温度历程的应力预测精度更高。在冷却混凝土之前，不同的保温时间可以显著地改变混凝土早期的压力行为，降低冷却速率可以降低应力大小。Amin 等[46] 基于热应力装置（TSD）模拟大体积混凝土中产生的热应力，TSD 采用变化约束量，以评估实际结构中可能发生的老化的影响和应力松弛的量，试验证明弹性模量、热膨胀、自生变形和过渡热蠕变对热应力有显著影响。

Hilaire 等[47] 基于压缩与拉伸之间的差异，建立一种新蠕变模型，该模型能够考虑混凝土的老化，模拟早期蠕变和长期蠕变，并证明拉伸蠕变对评估早期开裂非

常重要。Khan 等[48] 通过提高早期热混凝土收缩的约束程度研究早期混凝土开裂风险，研究表明早期拉伸蠕变在收缩引起的拉应力中起着关键作用，延迟了开裂的时间，研究提出约束系数方程，建立了一种计算混凝土收缩应力的简单解析方程，并在现场工程中被证明有助于准确预测拉伸应变。

高虎等[49] 基于等效龄期概念，考虑水泥水化反应遵循物理化学反应中 Arrhenius 方程的规律，研究温度对于混凝土弹性模量和应力场的影响。张子明[50] 教授基于 Arrhenius 方程，研究温度对水化速度和徐变的影响，针对 30 多个参数对结构温度分布、应力、开裂风险的影响进行研究，并就温度改变对徐变的影响进行研究，认为早龄期温度升高大大抵消了徐变的作用。王甲春等[51] 采用 Arrhenius 公式分析早龄期混凝土放热速率受温度的影响，通过基于等效龄期概念的混凝土弹性模量和抗拉强度 CEB-FIP（1990 年）计算公式分析早龄期温度历程对混凝土力学性能的影响，通过对混凝土长墙温度应力的研究，表明早龄期温度应力可以引起混凝土长墙开裂。金南国等[52] 基于 Arrhenius 方程，采用等效龄期概念研究了温度和龄期对混凝土力学性能发展的影响规律，并提出了基于等效放热速率函数的混凝土温度场定解方程，并评估早龄期混凝土的温度应力及开裂风险，认为等效龄期概念可以有效地预测混凝土结构的早期温度应力。李骁春等[53] 基于等效龄期成熟度概念综合反应温度和龄期对混凝土水化反应的影响，并在数值模型中采用水化度来指示水化反应和各种混凝土性能发展的程度。张君等[54] 基于等效龄期概念，通过混凝土绝热温升试验提出早龄期混凝土温度场计算模型，并修正了温度对水泥水化及其放热量的影响。田野、金贤玉等[55] 通过考虑水泥水化产物，建立了水泥颗粒水化动力学模型，并分析了混凝土的水化放热过程和温度发展历程，并得出基于 Arrhenius 方程方法，该方法能够有效预测混凝土的力学性能随龄期的发展演化过程。陈波[56] 基于温度应力试验的特点，引入第一零应力时间作为有效应变测试的起测点；基于等效龄期概念考虑温度对混凝土自生体积应变影响的数学模型，实现了自生体积应变与温度应变的分离；提出分两阶段考虑早龄期混凝土的热膨胀系数，在升温阶段和降温阶段混凝土热膨胀系数均考虑为常数。

从国内外现有关于早龄期混凝土温度应力、体积变形的研究可知，大部分研究是关于混凝土在水化热与外力作用下的变形与应力特性，而混凝土结构在内埋热源作用下由于热源附加温度场引起的变形产生的应力变化与传热性能的研究较少见到。此外，针对冬季混凝土变形的研究，主要考虑温度场变化对变形影响，而较少考虑湿度场变化对变形的影响。

1.5 基于热湿耦合传递特性的混凝土变形、抗裂研究现状

Luikov、Philip、Vries 及 Whitaker 等先后对多孔介质内传热传质问题建立基本理论，并提出了相应理论计算模型。Luikov[57] 基于不可逆热力学、宏观质量、能量守恒定律，提出传热传质由热传导与水分迁移两项决定，并建立以温度和湿度为参变量的多孔介质热湿耦合模型，该模型主要以液相传质过程为研究对象，没有单独考虑水蒸气的传质。1957 年，Philip 和 Vries[58-59] 建立非等温条件下的热湿传递理论，建立了以饱和度和温度为双参数的耦合理论模型，湿度和温度梯度控制传质，同时考虑重力作用，但忽略了压力梯度对传质的影响。

Whitaker[60] 利用连续介质传输方程，建立了多孔介质中同时考虑热、质和动量转移理论。对干燥过程中气液体系结构的几个重要假设进行了理论或试验验证，建立以温度、饱和度、气体压力为多参数变量的连续介质模型，基于多孔介质内部湿度、能量传输机制，推导出多孔介质中热湿耦合传递的多相运动方程和能量方程，分析了液体和蒸汽的运动。

此后，Bažant 等[61-64] 在 Luikov 理论基础上考虑了孔隙气体对混凝土的影响，开发出基于水的热力学性质理论的孔隙水压力计算方法，考虑由于温度和压力引起的孔隙空间变化，并以"含水量"作为单一变量建立混凝土传热传质耦合模型，"含水量"包含了混凝土中液体水、水蒸气和干空气。Majorana 等[65] 在对比 Bažant 试验数据基础上提出一种温湿力计算模型，该模型考虑蠕变与湿热损伤和相关的交叉效应。

Ulm[66] 基于多孔介质热力学理论建立了早龄期混凝土热化力耦合模型，指出宏观层面上水泥水化的原因是混凝土各化学组分之间的热力失衡，混凝土的强度增长、自收缩均与水化反应直接相关，并提出数学模型。

Basha[67] 基于球形热源附近的水分运动研究，说明了水分输送特性对多孔介质中水分时间依赖性分布的影响。分析了多孔材料的耦合传热和传湿问题，并对其进行了数学分析。温度梯度和浓度梯度在多孔介质中引起水分运动。利用分析结果及水分分布特征确定了与水分运输过程有关的扩散系数参数。

Tenchev 等[68] 提出分别考虑孔隙液态水和孔隙气态水的热湿耦合数学模型，模型主要变量包括温度、孔隙内气态水含量和混合气体压力。该模型未考虑孔隙水和孔隙混合气体之间的毛细作用，假设孔隙中液态水压力和孔隙混合气体压力相等。此后，又基于该热湿耦合模型考虑毛细压力和吸附水的影响[69]，完善了该传热传质模型。Gawin[70] 提出了一种新型混凝土早期湿热和水化数值模型，该模型

通过水化程度参数来表达材料性质的所有变化，并基于混合理论建立本构关系，通过气体压力、毛细管压力、温度和位移等参数建立传质传热平衡方程。该模型考虑了湿度、热和化学现象之间的完全耦合，以及由水化过程引起的混凝土性能的变化，即孔隙率、密度、渗透率和强度性质。尽管这些模型对不同形式水的传输机制采用单独的扩散方程来独立建立数学模型，使得水分运输机制的描述更加具体，但增加了描述水分迁移模型的复杂性，带来更多的材料参数，而且没有表现出对水分迁移更精确的预测。

Barbara 等[71] 基于 Bažant 理论提出了早龄期混凝土热湿耦合模型，研究温度和湿度梯度对相互之间传质影响的强弱关系，认为温度梯度对湿传质的影响较明显应该考虑，湿度梯度对传热的影响较小可以忽略。

Park[72] 提出了一种考虑温度和龄期影响的硬化混凝土温度和湿度分布的预测模型。水化度作为基本参数评价混凝土热—湿—力学性能，并基于水泥水化模型与三维有限元热分析，对混凝土的温度历史和温度分布进行了评价。另外，通过考虑自干燥和水分扩散对相对湿度变化的影响，利用半经验的解吸等温线和水化程度来评价自干燥。水分扩散率表示为水化程度和相对湿度的函数。试验结果验证了该方法的有效性，并可用于对混凝土早期裂纹的评价。

Jendele 等[73] 基于多尺度分析方法，研究水泥性质、混凝土组成、结构几何形状和边界条件等对混凝土温度和早期力学性能的影响。该方法由两步组成，第一步基于非稳态热湿平衡方程分析湿度和温度场的演变；第二步包含准静态蠕变、塑性和损伤模型，研究湿度和温度场对早期蠕变、自收缩和干燥收缩的影响。

Gasch 等[74] 提出了一种基于微预应力凝固理论框架的硬化混凝土耦合湿热力学模型，分析了硬化混凝土时变变形。该模型涵盖了老化、蠕变、干燥收缩、热膨胀和拉伸开裂等硬化混凝土的许多特征。为了简化数值模拟，在模型中假设热量和水分运输是不耦合的过程，此外，温度和水分传输都被描述为纯粹的扩散过程，基于单一的驱动潜力，该模型假设在等温条件下会发生水汽输送。

王补宣等[75] 基于常功率平面热源法对混凝土的湿热传导性能进行研究，研究表明混凝土导热系数随湿度单调增加，且干燥与含水率较高的情况的导热系数相差 2~3 倍。对温度梯度和浓度梯度耦合作用下多孔介质传热传质中的 Soret 效应和 Dufour 效应进行研究，表明热附加扩散准则主要对边壁处的无量纲传值系数产生影响[76-77]。

雷树业等[78] 基于多相渗流机制与扩散迁移机理建立以温度、饱和度、气体压力为变量的三参数模型。该模型由一组描述水—汽质量守恒、空气质量守恒和能量守恒的方程组成，考虑了湿分迁移与气相压力的变化，研究认为毛细压力与饱和度和温度有关。

刘光廷等对多孔介质的湿热传导特性做了大量的研究工作。基于"常功率平面热源法"，对不同含湿状态下混凝土的导温系数、导热系数进行了试验研究[79]。基于早龄期混凝土表面裂缝形成机理，实现了"等温传湿试验"与"等湿传热试验"，试验结果表明在加热过程中，受温度梯度的驱动，混凝土湿度也有适当响应，但由于湿迁移缓慢，湿分迁移量有限，对热物性的影响程度有限[80]。基于多相体系非连续介质中的热质耦合传导理论开展了混凝土热湿耦合作用研究，提出数值计算的方法湿度测定方法，并针对质传导系数和热质传导系数进行研究，认为水工混凝土实际工程结构计算中质传导系数可不考虑[81]。

张君等对湿度预测模型及湿度应力做了大量的研究工作，包括理论分析、数值计算和试验参数的测定等。针对干燥条件提出了一种早龄期混凝土水分扩散系数的求解方法，并基于试验手段获得干燥过程中混凝土水分扩散系数与相对湿度数量关系[82]。考虑混凝土内部湿分含量变化引起混凝土收缩，建立了早龄期混凝土的自收缩、干燥收缩与内部相对湿度之间的关系模型，基于水泥水化和环境干燥两种失水机理，建立混凝土结构内部湿度分布的预测模型[83]；并通过试验测定混凝土早期变形随龄期的发展规律，定义了基于变形的凝结时间和基于内部湿度发展的临界时间。基于试验手段研究了水胶比和粗骨料体积分数对早龄期混凝土内部相对湿度和等效水分扩散系数的影响。研究表明水胶比越大，早龄期混凝土内部相对湿度饱和期的持续时间将加长，自干燥引起的内部相对湿度下降幅度减小；早龄期混凝土中水分扩散过程主要由砂浆相控制[84]。

金南国、金贤玉等针对湿度扩散预测模型等方面开展了一系列的试验和理论研究工作。龚灵力[85] 基于混凝土温度场、湿度场及其影响效应，提出温度场、湿度场的参数识别方法，并基于混凝土龄期对其湿度扩散系数的影响作用，通过假定强度发展与湿度扩散系数关系，构造出湿度扩散系数龄期调整函数。李昕、金南国等[86] 基于试验和模拟手段，对干湿过程中水分在混凝土中的分布规律进行研究。对湿润和干燥过程分别赋予不同的扩散系数，建立了水分传输模型。杜明月、金南国等[87] 基于多孔介质理论和混凝土早龄期微观结构表征演变特点，构建了早龄期混凝土热湿耦合模型，其研究表明内部湿度梯度由水化作用和扩散作用共同决定。

崔溦等[88] 基于热湿力耦合机理，通过 ABAQUS 软件编写基于水化度概念与热学参数变化的温度场计算程序；考虑温度对湿度扩散系数影响的湿度场计算程序；基于成熟度理论和双幂徐变函数的应力场子程序，并通过算例验证了子程序开发的合理性。采用顺序耦合方法，对结构温度场、湿度场及表面应力进行研究，并基于热湿力耦合模型评价结构开裂风险。

韩晓烽等[89] 利用 COMSOL multiphysics 软件采用双驱动势和优化参数结合的模拟方案，进行多孔介质加气混凝土的热湿耦合数值模拟研究。

尤伟杰等[90] 基于热湿力耦合模型，研究约束条件对混凝土构件在干缩和温度变化影响下的早龄期应力变化规律及开裂风险，并建立了混凝土受约束构件在湿度场和温度变化作用下早龄期收缩应力解析计算方法。研究表明，内外约束和环境湿度是影响构件早龄期应力变化的主要影响因素。

此外，温度、湿度是影响延迟钙矾石（DEF）发生的重要因素。钙矾石（AFt）在温度高于 60~70℃时不稳定[91-96]，会分解为单硫型水化硫铝酸钙（AFm），制品冷却到室温后，AFm 重新生成钙矾石。钙矾石对混凝土早期凝结、硬化等性能有重要的作用，但如果混凝土在硬化后继续形成大量钙矾石，则水泥浆体会因体积膨胀引起混凝土的开裂，从而导致混凝土强度丧失。Shao Y 和 Ceesay J[97-98] 等人均发现，当养护期间混凝土温度超过 70℃，在混凝土温度回落后，潮湿且相对湿度条件满足的环境下，会发生 DEF 的现象，引起混凝土膨胀变形。阎培渝[99] 等指出温度的高低是产生 DEF 的必要条件。钙矾石在温度高于 60℃时不稳定，会分解为单硫型水化硫铝酸钙进而被 C—S—H 凝胶所吸收。混凝土冷却到室温后，单硫型水化硫铝酸钙从 C—S—H 凝胶中析出，重新生成钙矾石。Barbarulo[100] 指出适宜的湿度条件也是 DEF 产生的必要条件之一，在干燥或水分供应不充足的条件下，延迟钙矾石现象很难发生。黎梦圆[101] 针对延迟钙矾石的问题进行研究，研究发现恒温期 60℃养护下，纯水泥净浆内会有延迟钙矾石生成现象的发生。

混凝土作为多孔介质其热湿应力受结构内温、湿度变化影响。多孔介质内的温度与湿度是两个独立变化而又相互影响的物理量。基于已有研究，可知冬季早龄期混凝土热湿特性表现为：一是冬季早龄期混凝土由于水泥水化热引起自身温度升高体积膨胀，降温后引起混凝土收缩，相关热物理参数受水分的影响，间接影响混凝土温度场；二是对于早龄期水化阶段的混凝土，水泥水化速度与温湿度相互影响，水泥水化改变温度场、湿度场分布变化规律，温度、湿度变化同时又影响水化速度，改变水分含量会影响混凝土湿度场相关参数；三是对于非饱和状态混凝土，温度变化影响饱和蒸汽压，引起相对湿度改变，进而引起自生体积变形。因此，基于热湿耦合效应开展冬季早龄期混凝土体积变形研究将更符合混凝土材料的变形机制。

现有的针对早龄期混凝土热湿耦合研究，主要为常温条件下，水泥水化引起温度场变化下的湿度场分布变化规律的研究，以及相关湿度场关键参数计算模型的研究。但是，冬季混凝土养护温度场特点表现为升温、降温阶段温度变化远远大于常温条件下混凝土温度变化幅值，且内埋有自限温伴热带后，混凝土温度场与热源间存在较大温差，因此，相应湿度传输机制及关键参数应当考虑冬季加热养护下混凝土温度场的这些特点，进行相应传输机制的研究，水分传输方程的建立，相关参数数学模型的修正，进而开展相关湿度场分布变化规律研究，基于热湿耦合作用开展混凝土结构变形研究。

1.6　主要研究内容

基于热—湿耦合作用，通过研究内埋热源作用下混凝土温度、湿度、应力场以及变形分布变化规律，研究热源对混凝土结构早期传热、传湿性能及开裂的作用机理，研究如何控制裂缝，主要内容包括：

（1）内埋热源对混凝土温度场作用机理及温度场分布变化规律。分析影响温度场的内外条件，研究内埋热源早龄期混凝土传热机理，分析导热系数、热源温度、养护时间、放热系数等关键参数对混凝土温度场分布变化的影响规律。

（2）内埋热源对混凝土湿度场作用机理及湿度场分布变化规律。基于内埋热源早龄期混凝土传湿机理，分析导热系数、热源温度、养护时间、放热系数等关键参数对混凝土湿度场分布变化的影响规律。

（3）内埋热源对混凝土变形的作用机理及对混凝土抗裂性能的影响。基于混凝土温度、湿度、水化、应力等因素的耦合机理，分析导热系数、热源温度、养护时间、放热系数、约束条件等关键参数对混凝土应力、抗裂系数影响规律。

第2章　内埋热源早龄期混凝土热传导

内埋伴热带加热养护混凝土与其他养护方法的不同之处在于它将伴热带作为热源内埋于混凝土中对其直接放热加温。混凝土温度场受水泥水化与伴热带放热影响，在整个加热养护过程中，自限温伴热带随混凝土内温度变化实时调整表面温度，改变输出功率，同时考虑不均匀温度场会造成不均匀水泥水化放热，进一步影响混凝土温度分布。

本章基于传热学与热力学理论，开展内埋热源早龄期混凝土温度场数学模型研究，针对内埋热源早龄期混凝土的传热性能及特点开展相关研究。

2.1　伴有热源放热的早龄期混凝土非稳态温度场

整个通电加热养护过程，自限温伴热带表现为随被加热体温度改变，实时调整表面温度，改变输出功率的放热特点。同时，不均匀温度场造成水泥水化放热不均匀，也进一步促进温度场的分布变化。因此，一般混凝土非稳态温度场的控制方程不能完全解决这类问题，需要在非稳态温度控制方程的基础上，考虑水泥水化放热不均匀与自限温伴热带功率实时变化的问题，改进了伴有变功率热源放热的早龄期混凝土温度场控制方程。

2.1.1　控制方程

基于热力学第一定律，对一个瞬时（t），储存在控制容积中的热量和机械能增大速率值，必定等于进入控制容积的热能和机械能速率减去离开控制容积的热能和机械能速率，再加上控制容积内产生的热能速率[102]。因此，内埋伴热带混凝土构件表面的对流和辐射换热、混凝土化学能（水化）、伴热带产生的热能以及热能贮存项的变化速率都会引起混凝土热能的改变，则混凝土控制系统的瞬时热能方程为：

$$E_{st}^\& = E_{in}^\& - E_{out}^\& + E_g^\&$$

(2.1)

式中：$E_{st}^\&$ 为热能贮存项变化的速率（kW）；$E_{in}^\&$ 为进入控制容积能量的速率（kW）；$E_{out}^\&$ 为离开控制容积能量的速率（kW）；$E_g^\&$ 为产生能量的速率（kW）。

混凝土构件是三维构筑物，按三维问题处理，基于式（2.1），定义无限小微元

15

控制体积 $\mathrm{d}x\mathrm{d}y\mathrm{d}z$，不考虑潜能，则能量存储项变化的速率为：

$$E_{\mathrm{st}}^{\&} = \rho c \frac{\mathrm{d}T}{\mathrm{d}t}\mathrm{d}x\mathrm{d}y\mathrm{d}z \tag{2.2}$$

式中：ρ 为混凝土密度（$\mathrm{kg/m^3}$）；c 为混凝土比热（$\mathrm{kJ/kg \cdot ℃}$）；$\mathrm{d}T/\mathrm{d}t$ 为温度梯度；t 为过程进行的时间（h）。

混凝土水泥水化及伴热带产生能量的速率：

$$E_{\mathrm{g}}^{\&} = q^{\&}\mathrm{d}x\mathrm{d}y\mathrm{d}z + PL_{\mathrm{S}}\mathrm{d}x\mathrm{d}y\mathrm{d}z \tag{2.3}$$

式中：$q^{\&}$ 为单位时间单位体积混凝土水泥水化产生热能（$\mathrm{kW/m^3}$）；P 为单位时间每米伴热带产生热能（$\mathrm{kW/m}$）；L_{S} 为单位体积所含伴热带长度（$\mathrm{m/m^3}$）。

进入单元体与离开单元体能量的速率差：

$$\dot{E}_{\mathrm{in}} - \dot{E}_{\mathrm{out}} = \left[\frac{\partial}{\partial x}\left(\lambda\frac{\partial T}{\partial x}\right) + \frac{\partial}{\partial y}\left(\lambda\frac{\partial T}{\partial y}\right) + \frac{\partial}{\partial z}\left(\lambda\frac{\partial T}{\partial z}\right)\right]\mathrm{d}x\mathrm{d}y\mathrm{d}z \tag{2.4}$$

式中：λ 为混凝土的导热系数 $[\mathrm{kJ/（m \cdot h \cdot ℃）}]$；$T$ 为混凝土的瞬态温度（℃）。

将式（2.2）~式（2.4）带入式（2.1），建立伴有变功率热源放热的温度场控制方程：

$$\rho c \frac{\mathrm{d}T}{\mathrm{d}t} = \frac{\partial}{\partial x}\left(\lambda\frac{\partial T}{\partial x}\right) + \frac{\partial}{\partial y}\left(\lambda\frac{\partial T}{\partial y}\right) + \frac{\partial}{\partial z}\left(\lambda\frac{\partial T}{\partial z}\right) + \dot{q} + PL_{\mathrm{S}} \tag{2.5}$$

该控制方程的主要特点是：控制方程是非稳态导热方程，考虑区域内存在热源变功率发热及不均匀温度场引起的区域内水泥水化放热量不等。当达到相对稳定态时，温度基本不再变化，$\mathrm{d}T/\mathrm{d}t = 0$，则此时混凝土温度可由式（2.6）求得，这时非稳态温度场可转变为稳态温度场。

$$\frac{\partial}{\partial x}\left(\lambda\frac{\partial T}{\partial x}\right) + \frac{\partial}{\partial y}\left(\lambda\frac{\partial T}{\partial y}\right) + \frac{\partial}{\partial z}\left(\lambda\frac{\partial T}{\partial z}\right) + \dot{q} + PL_{\mathrm{S}} = 0 \tag{2.6}$$

2.1.2 定解条件

满足温度控制方程的解有无数个，因此，针对具体问题，给出描述这个问题的具体条件，并通过数学形式进行表达以得到解答。在已知几何形状与物体物理性质条件下，定解条件主要是时间与边界条件。

2.1.2.1 初始条件

对于早龄期混凝土构件，导热开始时物体内部的温度分布状况 $T = T（x, y, z）$ 是物体的温度初始条件，将入模温度设为初始瞬时温度，则非稳态导热的初始条件为：

$$T(x, y, z, 0) = T_0 = 入模温度 \tag{2.7}$$

2.1.2.2　边界条件

导热边界条件有以下四类。

(1) 第一类边界条件：已知任一瞬间导热物体边界上以时间为已知函数的温度分布，则非稳态导热边界条件为：

$$T(t) = f(t) \tag{2.8}$$

混凝土与伴热带接触时，混凝土接触表面等于已知伴热带温度。

(2) 第二类边界条件：已知导热物体边界上以时间为已知函数的热流密度分布及其变化规律，则非稳态导热边界条件为：

$$-\lambda\left(\frac{\partial T}{\partial n_A}\right) = f(t) \tag{2.9}$$

式中：n_A 为导热物体边界表面的外法线方向。

(3) 第三类边界条件：导热物体边界与周围环境间某些传热方式（导热、对流、辐射）的耦合。

已知任一时刻导热物体边界表面热力学温度、周围流体的温度和对流换热系数，则对流边界条件为：

$$-\lambda\left(\frac{\partial T}{\partial n_A}\right) = h(T_s - T_\infty) \tag{2.10}$$

式中：T_∞ 为边界面周围流体的温度（℃）；h 为对流换热系数 [kJ/(m² · h · ℃)]；T_s 为边界表面温度（℃）。

边界与物体间辐射，辐射边界条件为：

$$-\lambda\left(\frac{\partial T}{\partial n_A}\right) = h_r(T_s - T_{sur}) \tag{2.11}$$

式中：h_r 为辐射换热系数 [kJ/(m² · h · ℃)]；T_{sur} 为环境温度（℃）。

因此，已知边界面与外围流体和物体间的对流与辐射，则非稳态导热对流加辐射边界条件为：

$$-\lambda\left(\frac{\partial T}{\partial n_A}\right) = h(T_s - T_\infty) + h_r(T_s - T_{sur}) \tag{2.12}$$

(4) 第四类边界条件：当不同固体接触时，如接触良好，则接触面上温度相等、热流量连续，$T_1 = T_2$，则非稳态导热边界条件为：

$$\lambda_1\frac{\partial T_1}{\partial n_A} = \lambda_2\frac{\partial T_2}{\partial n_A} \tag{2.13}$$

2.2 内埋热源混凝土温度场边界条件的确定

内埋热源早龄期混凝土温度场的影响因素可分为两类，即外部因素和内部因素。外部因素主要包括气温、太阳辐射、风速等气象因素；内部因素则包括混凝土材料早期热学参数、热源物理参数等。在内外因素的共同影响下，内埋热源混凝土早期温度场养护方式较传统养护方式混凝土温度场有较明显不同。因此，合理确定这两类因素是准确分析内埋热源混凝土温度场分布规律的前提条件。采用内埋热源养护的混凝土，其早龄期往往处于严寒低温环境下，因此，确定养护期混凝土温度场边界条件，需结合严寒地区气候特点，就对流换热、气温等因素加以分析。

2.2.1 对流换热

对流换热量与边界层条件、表面几何形状、流体运动特性及流体的众多热力学性质和输运性质有关。根据牛顿冷却公式，对流热流密度可表示为：

$$q_{conv} = hA(T_s - T_\infty) \tag{2.14}$$

式中：h 为对流换热系数 $[kJ/(m^2 \cdot h \cdot ℃)]$。

考虑对流换热时，为简化计算，根据保温层特点采用等效对流放热系数 β_s 代替混凝土的对流换热系数 h，等效放热系数表示为：

$$\beta_s = \frac{1}{(1/\beta) + \sum (h_i/\lambda_i)} \tag{2.15}$$

式中：λ_i 为某层保温层导热系数 $[kJ/(m \cdot h \cdot ℃)]$；h_i 为保温层厚度（m）；β 为固体表面在空气中的放热系数 $[kJ/(m^2 \cdot h \cdot ℃)]$。

2.2.2 辐射换热

混凝土试件在加热期间，表面温度始终高于环境温度，因此单位面积单位时间内离开表面的辐射换热速率为：

$$q_{rad} = \theta_1 \theta_2 A(T_s^4 - T_\infty^4) = h_r A(T_s - T_\infty) \tag{2.16}$$

式中：q_{rad} 为混凝土热辐射速率（kJ/h）。θ_1 为常数，取 $1.32 \times 10^{-7} kJ/(m^2 \cdot h \cdot ℃^4)$；$\theta_2$ 为发射率，发射率值在 $0 < \theta_2 < 1$，混凝土在27℃时，θ_2 为 0.88～0.9，木材在27℃时，θ_2 为 0.82～0.92，本书取 0.9；h_r 为辐射换热系数 $[kJ/(m^2 \cdot h \cdot ℃)]$。

此外，太阳辐射受季节、天气状况等因素的影响。本书主要考虑冬季养护期，因此不考虑太阳对构件的热辐射。

为精确计算试件放热量，通过对比环境温度在 −25℃、−15℃、−5℃、0℃下，混凝土保温层表面温度分别为 20℃、40℃、60℃时，构件的辐射放热量及保温层等效放热系数为 5kJ/(m² · h · ℃)、10kJ/(m² · h · ℃) 时的对流换热量，如图 2−1 所示，比较养护构件表面辐射放热速率与总放热速率比例关系，如图 2−2 所示，明确冬季混凝土加温养护期考虑试件表面辐射放热量的必要性。

研究不同环境温度下辐射与对流换热放热量随试件表面温度变化，如图 2−1 所示。从图中可以看到，相同养护构件表面温度条件下，无论是辐射放热量还是对流换热量都随环境温暖度的增大而减小；相同环境温度下，辐射放热量与对流换热量都随养护构件表面温度的升高而增大。

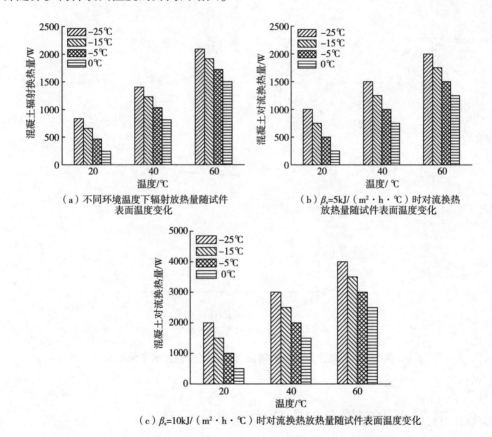

（a）不同环境温度下辐射放热量随试件表面温度变化

（b）β_s=5kJ/(m² · h · ℃) 时对流换热放热量随试件表面温度变化

（c）β_s=10kJ/(m² · h · ℃) 时对流换热放热量随试件表面温度变化

图 2−1　不同环境温度下辐射与对流换热放热量随试件表面温度变化

比较养护构件表面辐射放热速率与总放热速率比例关系，如图 2−2 所示，从图中可以看到，相同保温层表面温度下，混凝土随着环境温度的升高，辐射放热速率与总放热速率比值不断提高；随等温放热系数的减小，辐射放热速率与总放热速率比值不断提高。当保温层外表面温度为 20℃，放热系数为 10kJ/(m²·h·℃) 时，辐射放热速率与总放热速率比值最低达到 29%，如图 2-2（a）所示。当保温层表面温度为 60℃，放热系数为 5kJ/(m²·h·℃) 时，辐射放热速率与总放热速率比值高达 55%，如图 2-2（c）所示。因此，放热系数越低，辐射放热速率与总放热速率比值越高。因此，冬季混凝土养护期间，应当考虑辐射放热对表面放热量的影响。

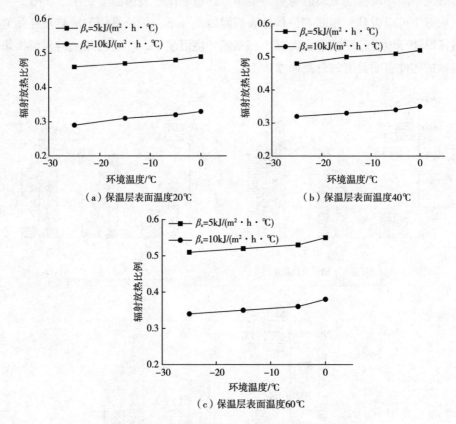

（a）保温层表面温度20℃   （b）保温层表面温度40℃

（c）保温层表面温度60℃

图 2-2　混凝土表面辐射放热速率与总放热速率比例关系

2.3　基于水化度的混凝土热物理参数

2.3.1　水化热

混凝土材料硬化是由水泥水化引起，水泥水化会放出大量的水化热。基于水泥水化热与龄期的关系，可用以下三种方式表达[23]，其中指数式最为常用。

指数式：

$$Q(t) = Q_0(1 - e^{-mt}) \tag{2.17}$$

双曲线式：

$$Q(t) = Q_0 t(m_1 + t) \tag{2.18}$$

双指数式：

$$Q(t) = Q_0(1 - e^{-at^b}) \tag{2.19}$$

式中：Q (t) 为龄期 t 时的累积水化热（kJ/kg）；Q_0 为 $t \to \infty$ 时的最终水化热（kJ/kg）；t 为龄期（d）；m、m_1、a、b 为常数，其中 m 为发热速率，随水泥品种、比表面积及浇筑温度不同而不同，GB 50496—2018《大体积混凝土施工标准》[103]，而陈志军[104] 根据数值模拟研究结果建议 m 取值在 0.7 ~ 0.9，与研究结果较为接近。

2.3.2　成熟度

Nurse[105] 和 Saul[106] 基于大量的蒸养实验数据，最早提出混凝土成熟度的概念，即只要混凝土成熟度相等，强度也一定相等，并建立了"Nurse—Saul"成熟度方程：

$$M = \sum_0^t \left[T(t) - T_0 \right] \Delta t \tag{2.20}$$

式中：M 为成熟度系数；t 为养护龄期（h）；T 为龄期 t 时的温度（℃）；T_0 为初始温度（℃），取–10℃。

则不同养护温度下的混凝土龄期转化为相同成熟度下的等效龄期为：

$$t_e = \frac{\sum (T - T_0) \Delta t}{T_r - T_0} \tag{2.21}$$

式中：T_r 为混凝土参考温度（℃），一般取标准养护条件 20℃。

混凝土中水泥水化是一个放热反应，随着温度的升高而加快，因此 Copeland[107] 指出，在化学反应中，温度对水化反应速率的影响服从 Arrhenius 函数，即：

$$K(T) = Ae^{-\frac{E_a}{RT}} \tag{2.22}$$

式中：K (T) 为化学反应速度；T 为反应温度（℃）；E_a 为混凝土活化能；R 为气体常数，取 8.314J/（mol·K）。

此后，Hansen[108] 等开展不同养护温度的水化热试验，计算出混凝土活化能，以此提出了基于 Arrhenius 函数的等效龄期成熟度函数为：

$$t_e = \sum_0^t \exp\left[\frac{E_a}{R}\left(\frac{1}{273 + T_r} - \frac{1}{273 + T_c}\right)\right]\Delta t \qquad (2.23)$$

式中：T_c 为养护温度（℃）；E_a 为混凝土活化能（J/mol），当 T_c 大于等于 20℃时，$E_a = 33.5$，当 T_c 小于 20℃时，$E_a = 33.5 + 1.47 (20 - T_c)$。

根据公式（2.23），可知混凝土在 45℃条件下养护 1h 约等效于在 20℃养护 2.05h。

2.3.3 水化度

水化度反映混凝土胶凝材料在某一龄期的水化反应程度，由于水化度随水泥的水化反应单调增长，因此用水化放热量来反映水化度程度，即：

$$\alpha(t) = \frac{Q(t)}{Q_0} \qquad (2.24)$$

式中：$\alpha(t)$ 为龄期 t 时的混凝土水化度；$Q(t)$ 为龄期 t 时的水化放热量（kJ/kg）；Q_0 为水泥完全水化放热量；t 为龄期（h）。

Power 等[109-110] 提出混凝土水灰比不应低于 0.36，否则水泥不能完全水化。此外，Mills[111] 研究发现混凝土中水化反应在水泥没有完全反应消耗前就已经停止，也就是说水化度不会到 1，并且提出最终水化度 α_u 受到水灰比（w/c）和矿物掺合料的影响，并提出普通混凝土水泥最终水化度公式，见式（2.25），但它没有考虑水泥细度和固化温度的影响，在某些情况下可能会低估水化的最终程度[112]。

$$\alpha_u = \frac{1.031\dfrac{w}{c}}{0.194 + \dfrac{w}{c}} \qquad (2.25)$$

Hansen[112] 基于水泥水化基本行为，认为如果水分充足，那么水化产物可用的空间是限制水化的主要因素。在这种情况下，可以使用式（2.26）估计水化的最终程度。

$$\alpha_u = \frac{\dfrac{w}{c}}{0.36} \le 1 \qquad (2.26)$$

Byard[113] 等通过试验研究发现在水分充分情况下，Mills 模型预测水化度偏低，而 Hansen 模型的预测结果偏高。

目前，我国水泥新标准中提高了水泥的粉磨细度，水泥细度对混凝土性能[114]、水化热速率[115]、绝热温升有较大影响，而混凝土的绝热温升值和温升速率又反映了早龄期胶凝材料水化速率和水化程度。同时基于水化动力学机制，当水泥颗粒浸没在水中时，一层软胶（由水泥水化组成）在颗粒表面形成，随着水化的发展，这一层向内和向外生长，围绕着不含水的水泥硬核，随着水泥细度的增加，颗粒深度水化时间必将缩短，加速水化发展。因此，有研究表明水泥细度的增加，提高了水化度最终值[115]。此外，养护温度对水化速度的影响是双重的。一方面，水化速率随温度的升高而增加；另一方面，水化产物在较高温度下的密度较高，减慢了游离水在水化产物中的渗透。因此在后期，高温下的水化速率较低，最终的水化度也可能较低。Lin[116] 基于水泥细度和养护温度提出的最终水化度公式为：

$$\alpha_{u293} = \frac{\beta_1(\text{比表面积}) \times \frac{w}{c}}{\beta_2(\text{比表面积}) + \frac{w}{c}} \leq 1.0 \tag{2.27}$$

$$\beta_1 = \frac{1.0}{9.33\left(\dfrac{\text{比表面积}}{100}\right)^{-2.82} + 0.38}$$

$$\beta_2 = \frac{\text{比表面积} - 220}{147.78 + 1.656(\text{比表面积} - 220)}$$

$$\alpha_u = \alpha_{u293}\exp\left[-0.00003(T - 293)^2 \cdot SGN(T - 293)\right] \tag{2.28}$$

$$SGN(T - 293) = \begin{cases} 1 & T \geq 293K \\ -1 & T < 293K \end{cases}$$

式中：α_{u293} 为养护温度 20℃（293K）时，水泥最终水化度；α_u 为考虑养护温度的最终水化度。

研究采用的 P.O 42.5 硅酸盐水泥比表面积为 335m²/kg，因此 α_{u293} 取 0.80，考虑养护温度作用，α_u 取 0.82。

2.3.4　比热容

单位质量混凝土温度升高（或降低）时，所吸收（或释放）的热量称为混凝土的比热容（c），表达式为：

$$c = \frac{Q}{G(T_2 - T_1)} \tag{2.29}$$

式中：Q 为混凝土吸收（或释放）的热量（kJ）；c 为混凝土比热容 [kJ/(kg·℃)]；G 为混凝土的质量（kg）；$T_2 - T_1$ 为混凝土升高（或降低）前后温差（℃）。

因为混凝土各相的比热容不同，如水的比热容为骨料的 5~6 倍。因此，Van-

Breugel[117] 提出了考虑各相配合比、比热容、水化度及当前温度的混凝土比热公式，即：

$$c = \frac{W_c \alpha c_{cef} + W_c(1 - \alpha)c_c + W_a c_a + W_w c_w}{\rho} \tag{2.30}$$

$$c_{cef} = 0.0084T_d + 0.339 \tag{2.31}$$

式中：c 为混凝土比热容 [kJ/(kg·℃)]；W_c、W_a、W_w 为每立方体中水泥、骨料和水的重量 (kg/m³)；c_c、c_a、c_w 为水泥、骨料和水的比热容 [kJ/(kg·℃)]；c_{cef} 为水泥浆体的假定比热容 [kJ/(kg·℃)]；ρ 为混凝土密度 (kg/m³)；α 为水化度；T_d 为当前温度。

此外，水的比热容为 4.18kJ/(kg·℃)，大于混凝土材料的比热容，因此含水率对材料的比热容有一定影响，随含水率的增加，比热容提高。文献[118] 提出混凝土比热容与含水率的关系满足：

$$c_{湿} = c_{干} + \xi_c \times \omega \tag{2.32}$$

式中：$c_{湿}$ 为湿混凝土比热容 [kJ/(kg·℃)]；$c_{干}$ 为干混凝土比热容 [kJ/(kg·℃)]；ζ_c 为含水率每增加 1% 混凝土的比热容 [kJ/(kg·℃)]，可取 0.028kJ/(kg·℃)[118]；ω 为混凝土含水率。

因此采用下式估算养护期混凝土比热：

$$c = \frac{W_c \alpha c_{cef} + W_c(1 - \alpha)c_c + W_a c_a + W_w c_w}{\rho} + 0.028\omega \tag{2.33}$$

2.3.5 导热系数

导热系数是表征材料导热能力的物理量，是指单位时间单位温度梯度下通过单位面积混凝土的热量。不同材料导热系数不同，对同一材料，由于影响导热系数因素众多，导热系数也不尽相同。混凝土导热系数随水泥[118-120] 和骨料[121-122] 掺量的增加而增加，随孔隙度的变化而显著变化[120]，尽管空隙中填充的空气对混凝土质量没有任何影响，但混凝土整体导热性是由硅酸盐结构导热系数和所含空气导热系数共同作用的结果。同时，混凝土的导热系数随含水量的增加而增加，研究表明[123] 当混凝土的吸水率增加了 1% 时，试样的导热系数增加 5%。

此外，随着水化的发展，混凝土内部孔隙率不断加大，导热系数不断减小。现有研究表明，硬化混凝土导热系数较未硬化混凝土低 21%~33%。Schindler[124] 建立了早期混凝土导热系数和水化度的关系，即：

$$\lambda(\alpha) = \lambda_u(1.33 - 0.33\alpha) \tag{2.34}$$

式中：$\lambda(\alpha)$ 为当水化度为 α 时的导热系数 $[kJ/(m \cdot h \cdot ℃)]$；λ_u 为最终导热系数 $[kJ/(m \cdot h \cdot ℃)]$。

因此，基于内埋热源混凝土温度场分布及传热特点，针对含水率、温度、水化度等因素，对早期混凝土导热系数的影响开展研究。

2.3.6　计算模型

2.3.6.1　混凝土导热系数试验

（1）试验设计

试验研究含水率、温度、水化度（龄期）对内埋热源早龄期混凝土导热系数的影响，即含水率、不同养护温度、龄期对导热系数的影响，包括水化度相同，含水率对导热系数的影响；水化度不同，含水率对导热系数的影响。

基于稳态平板法，根据在一维稳态情况下，通过平板的导热量 Q_λ 和平板两面的温差 ΔT 成正比，和平板的厚度 d 成反比，与导热系数 λ 成正比的关系来测定材料导热系数，即：

$$\lambda = \frac{Q_\lambda d}{\Delta T A} \tag{2.35}$$

式中：Q_λ 为导热量（W）；ΔT 为平板两面的温差（℃），$\Delta T = T_1 - T_2$，T_1 为热板温度，T_2 为冷板温度；d 为平板的厚度（m）；A 为垂直热流方向的导热面积（m²）。

含水率包括质量含水率 ω_z 和体积含水率 ω_d，两者关系为：

$$\omega_z = \frac{1000\omega_d}{\rho_干} \tag{2.36}$$

因此，可知质量含水率与体积含水率为线性关系，本书中设备采集及公式中所提含水率皆为质量含水率。

本试验导热系数测量仪采用武汉市盛科技术发展有限公司 SK-DR300B 型平板导热仪，如图 2-3 所示，该设备采用稳态法测量材料导热系数。设备执行标准为 GB/T 10294—2008《绝热材料稳态热阻及有关特性的测定 防护热板法》中关于绝缘材料稳态热阻及有关物性的测定，使用双试件防护热板装置。测量范围：$0.015 \sim 3W/(m \cdot K)$；测量精度：$< \pm 2\%$；测量范围：$0 \sim 70℃$（平均温度）；测量精度：$0.05℃$。

（2）试件制作

试验中采用的混凝土试验块尺寸为 300mm×300mm×60mm，如图 2-4 所示。

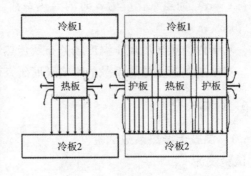

（a）SK-DR300B型平板导热仪　　　　　　（b）传热原理

图 2-3　试验设备与传热原理

（a）检测样　　　　　　（b）检测样在设备测试槽中

图 2-4　试验件

试验材料：沈阳盾石牌 P.O 42.5 硅酸盐水泥，细骨料采用本地河沙（中砂），粗骨料采用本地碎石，粒径 8~14mm，水为自来水，减水剂（聚羧酸干粉）0.2%，配合比见表 2-1。

表 2-1　混凝土配合比及材料热学性能

组分	水泥	砂子	石子	水
质量/kg	390	673	1222	165
比热/(kJ·kg^{-1}·℃$^{-1}$)	0.456	0.842	0.841	4.187
导热系数/(W·m^{-1}·K^{-1})	0.29	0.87	1.16	0.581

基于水化度概念，相同配合比混凝土在不同养护温度下水化程度不同，因此，试验采用两种养护制度。制度 1：在 45℃下恒温养护 3 天，此后采用标准养护室养

护；制度 2：在 65℃下恒温养护 3 天，此后采用标准养护室养护。

获得不同含水率试件：取两种养护制度下制备的试件，每种 4 组放入烘箱（60℃）内烘烤不同时间，使其具有 4 种含水率，其中 1 组试件要烘烤至恒重，取出后分别称取 4 组试件的质量，计算质量含水率。

2.3.6.2　试验结果

根据试验结果，绘制不同养护制度下同一龄期含水率与导热系数关系曲线图，如图 2-5 所示。

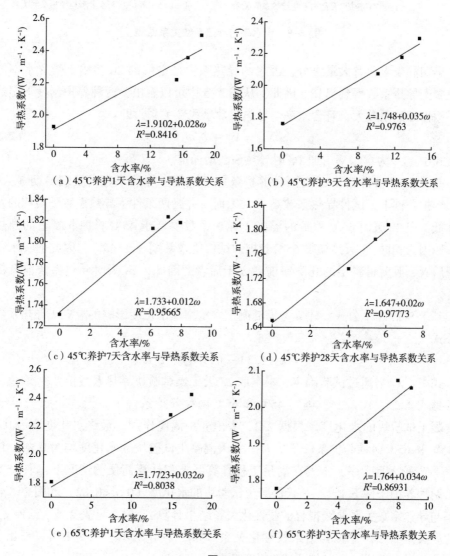

（a）45℃养护1天含水率与导热系数关系　　（b）45℃养护3天含水率与导热系数关系

（c）45℃养护7天含水率与导热系数关系　　（d）45℃养护28天含水率与导热系数关系

（e）65℃养护1天含水率与导热系数关系　　（f）65℃养护3天含水率与导热系数关系

图 2-5

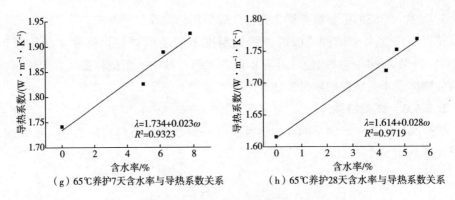

（g）65℃养护7天含水率与导热系数关系　　（h）65℃养护28天含水率与导热系数关系

图 2-5　含水率与导热系数关系曲线

早期混凝土含有大量水分，因水的导热系数是空气的 20 多倍，受含水率的影响混凝土导热系数得到提高。因此，从图 2-5 中可以看出，两种养护制度下湿构件比干构件导热系数大，且含水率与导热系数呈线性关系，即：

$$\lambda_{\text{湿}} = \lambda_{\text{干}} + \zeta_{\omega}\omega_z \qquad (2.37)$$

式中：ζ_{ω} 为含水率增加 1% 时导热系数增加量。

此外，对比 45℃ 和 65℃ 两种养护条件下混凝土导热系数，发现龄期 3 天时，65℃ 养护条件下，试件导热系数高于 45℃ 时，并且两条件下导热系数随龄期的发展均降低，但 28 天时 65℃ 养护的混凝土导热系数要低于 45℃ 养护混凝土的导热系数，原因为相同 28 天龄期下 65℃ 养护的试件等效龄期长于 45℃，因此前者水化度高于后者；胶凝材料中的孔隙率前者大于后者，因此，28 天时导热系数前者低于后者。

基于 Schindler 公式，建立考虑混凝土含水率及水化度影响的混凝土导热系数计算公式：

$$\lambda = \lambda_{u}(1.33 - 0.33a) + \zeta_{\omega}\omega \qquad (2.38)$$

式中：λ_{u} 需通过试验确定，本书取 28 天干燥试验块导热系数值。ζ_{ω} 取值，分别根据式 2.23、式 2.24，确定 45℃ 和 65℃ 两种养护条件下 1 天、3 天、7 天、28 天混凝土试验块的水化度。根据 2.3，考虑养护温度作用，最终水化度取为 0.82，在 45℃ 和 65℃ 两种养护条件下 7 天、28 天混凝土试验块的水化度均为 0.82。由于 ζ_{ω} 值差异较大且无序，本书在满足工程计算要求和计算简便的情况下，取 45℃ 和 65℃ 两种养护条件下 1 天、3 天混凝土试验块的水化度（$0<\alpha<0.82$）和图 2-5 含中水率与导热系数关系曲线拟合的线性化关系结果计算 ζ_{ω} 值，见表 2-2。绘制 ζ_{ω} 与水化度关系曲线，并拟合结果线性化关系，如图 2-6 所示。从图中可以看出，ζ_{ω} 随水化度增大而增大，其拟合线性化关系见式（2.39）。

表 2-2   不同养护条件及龄期下 α 与 ζ_ω 值

参数	养护条件及龄期			
	45℃，1 天	65℃，1 天	45℃，3 天	65℃，3 天
α	0.43	0.58	0.78	0.81
ζ_ω	0.028	0.032	0.035	0.034

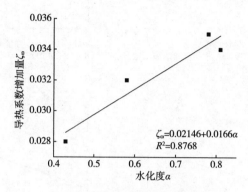

图 2-6 ζ_ω 与水化度关系曲线

$$\zeta_\omega = 0.02146 + 0.0166\alpha \tag{2.39}$$

依据公式（2.38）所得计算值与实测值相比较的关系曲线，如图 2-7 所示，从图中可知，不同龄期导热系数实测值与计算值随含水率变化的发展趋势基本是一致的，随龄期、含水率增大实测值与计算值相差越小，除图 2-7（c）以外，相差较大原因可能源于实验值的含水率取值较小，没有取得超过 8% 含水率的导热系数，因此，没有取得同其他组数据相同的发展趋势。所有数据中，导热系数实测值与计算值最大相差 0.17W/（m·K），由导热系数对温度场的影响可知，相差 0.55W/（m·K），温度相差最大为 2℃。因此，可以认为导热系数实测值与计算值差别不大，式（2.38）能满足工程计算的要求。

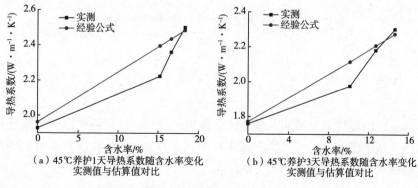

（a）45℃养护 1 天导热系数随含水率变化
实测值与估算值对比

（b）45℃养护 3 天导热系数随含水率变化
实测值与估算值对比

图 2-7

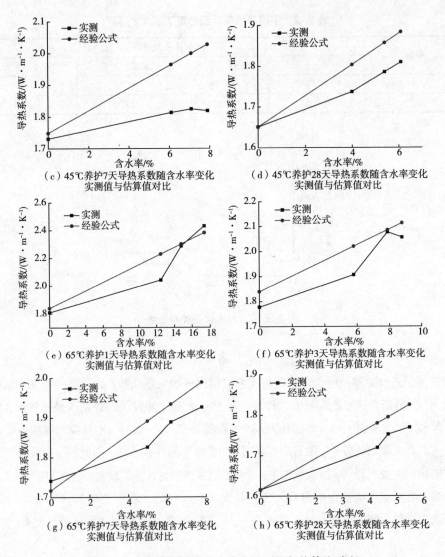

图 2-7　导热系数随含水率变化实测值与估算值对比

2.4　小结

本章基于内埋热源早龄期混凝土传热作用机理，研究早龄期混凝土温度场计算基本原理；基于稳态平板法试验研究含水率、养护温度、水化度对早龄期内埋热源混凝土导热系数的影响，得出如下结论：

（1）对温度场外部条件进行讨论，对比不同条件下保温层表面对外放热量变化特点，发现当保温层外表面温度达到 20℃，放热系数为 10kJ/（m·h·℃）时，辐射放热占总发热量最低也可达到 29%，因此冬季混凝土养护期间，应加强保温效果，对于保温层等效放热系数较低的构件也应考虑辐射放热。

（2）通过研究早期混凝土温度场计算基本原理，改进了伴有热源放热的混凝土非稳定温度场的控制方程，研究表明改进方程可有效考虑计算区域内变功率热源放热及水泥水化不同步放热。

（3）对影响导热系数的主要因素进行分析研究，讨论了含水率、温度率因素对导热系数的影响机理，发现了导热系数与含水率存在线性关系，表现为导热系数随含水率增长而单调升高。

（4）基于试验结果，建立考虑混凝土含水率、水化度影响的混凝土导热系数计算公式。

第3章 内埋热源早龄期混凝土温度分布

混凝土力学、传热、传质、变形等性能不仅与混凝土自身的密度、水灰比、骨料等有关，还与混凝土温度场有紧密联系[125]。同时，预测混凝土内温度场的变化趋势，分析温度场的时空分布规律，更是控制、减少冬季养护混凝土变形、开裂的关键，可以说温度是影响内埋热源混凝土稳定性的重要因素。

本章基于第2章内埋热源混凝土传热特性，开展冬季室外内埋热源混凝土养护温度场试验研究，揭示内埋热源混凝土温度分布变化规律；基于第2章改进的温度控制方程，建立数值分析计算模型，分析养护过程中混凝土温度场分布变化规律及影响因素。通过混凝土力学性能试验及冻融试验，分析混凝土力学发展分布特点及抗冻性能。

3.1 内埋热源混凝土柱温度场试验

3.1.1 试验概况

本节根据大气环境温度的周期变化，模拟冬季内埋热源混凝土柱的实际养护状态，开展加热养护期间混凝土构件柱的内部温度、应变的动态监测和拆模后含水率检测，研究内埋热源对早龄期混凝土温度、湿度、变形的影响。

冬季于沈阳建筑大学结构实验室西侧室外试验场开展冬季混凝土构件模型施工期温度场、变形试验研究（图3-1）。

图3-1 冬季内埋热源混凝土室外试验图

3.1.2 模型设计与制作

考虑到环境温度对构件距表层 20cm 深度范围内的部分影响最为显著，为全面直观了解伴热带对混凝土构件温度场的影响和温度场的分布变化特点及规律，试验采用尺寸为 0.8m×0.8m×1.5m 混凝土柱，共 2 根，伴热带则埋置于距混凝土构件表面 25mm 处，即取混凝土柱钢筋保护层厚度。

试件制作过程中，首先，为模拟已有结构对混凝土柱的约束，在浇筑混凝土柱前 1 周，浇筑 1.4m×1.4m×0.12m 混凝土板。一周后，在完成混凝土柱的钢筋安装、预埋件放置与焊接后，在预埋件上布置温度应变传感器。在传感器安装试采等工作后，将伴热带按照均匀、连续原则，依据布置要求，用防水胶带将伴热带固定在钢筋笼的箍筋上。伴热带一端接 220V 电源，另一端使用配套的封头严密套封并留在混凝土构件的外边。混凝土柱一次性浇筑完成，上表面不设顶模。浇注完成后，在模板外包裹塑料布及棉被，起保温、保湿作用。

3.1.3 试验监测

测试系统包括振弦式采集仪、温度应变传感器、计算机、无线发射装置、导线。

3.1.3.1 采集设备

数据采集设备由两套 TFL-F-10xx 系列的振弦式采集仪（共 64 个通道）、计算机和无线发射装置构成。采集仪采用远程无线方式进行数据传输，系统精度满足规范[126] 要求。

3.1.3.2 传感器

大量研究[127-132] 表明，现场监测早龄期混凝土的应变时，使用金属套管振弦式应变传感器较电阻式应变计及其他材料应变传感器更为可靠，因为金属套管更加坚固，并且具有较低的温度敏感性。因此，试验采用江西飞尚科技有限公司生产的 FS-NM15 型内埋温度应变传感器（金属振弦式应变传感器），测温误差：±0.5℃；测试范围：-20~80℃。

传感器经筛选合格后安装，在安装过程中采用橡胶履带包裹钢筋，确保钢筋与测温元件绝热，根据传感器监测点布置图，将传感器用防水胶带绑扎在一根直径为 8mm 的 HPB 钢筋上，该钢筋预焊接在钢筋笼上，导线引出集中布置。

3.1.3.3 测点布置、采集频率及测点编号依据

考虑到结构表层部位水化热容易散失，温度梯度主要出现在距表面 20cm 范围内，而结构中心至距表面 20cm 范围内，由于混凝土导热系数较小，该范围内单位

距离温度梯度较小。因此，根据试件热源分布特点，按照《大体积混凝土温度测控技术规范》（GB/T 51028—2015）[126] 规定，沿混凝土柱竖向等距离设置五个监测断面，每个断面竖向间距350mm，对混凝土柱中心、边部及角部近伴热带区域进行温度监测，数据采集频率0.5h（图3-2）。

测点编号依据，监测断面序号由大写罗马字母Ⅰ、Ⅱ、Ⅲ……代表，Z代表监测断面中心监测点，B代表监测断面边点，J代表监测断面角点。例如，ⅠZ代表试件监测断面Ⅰ中心监测点，ⅣB代表试件监测断面Ⅳ边部监测点，ⅤJ代表试件监测断面Ⅴ角部监测点。

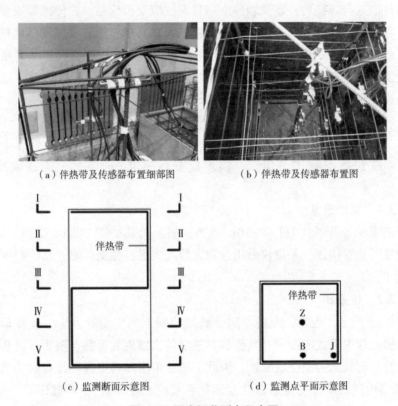

（a）伴热带及传感器布置细部图　　　（b）伴热带及传感器布置图

（c）监测断面示意图　　　（d）监测点平面示意图

图3-2　温度场监测点示意图

3.1.4　混凝土材料组成及力学性能

3.1.4.1　水泥

试验柱1、2混凝土采用C40商品混凝土，水泥为沈阳盾石牌P.O 42.5硅酸盐水泥，采用XRD衍射仪对水泥的矿物组成分析，水泥矿物组成见表3-1。

表 3-1　水泥矿物组成

成分	C₃S	C₂S	C₃A	C₄AF	SiO₂	Al₂O₃
含量/%	47.3	9.2	8.4	5.3	2.6	4.6
成分	Fe₂O₃	CaSO₄·2H₂O	2CaSO₄·H₂O	CaSO₄	CaCO₃	非晶态
含量/%	3.6	2.8	0.3	0.1	5.9	9.9

　　根据试验要求对水泥密度、比表面积、凝结时间（初凝、终凝）、胶砂抗压强度、抗折强度进行测试，检测结果见表 3-2，水泥胶砂强度满足规范要求。

表 3-2　水泥性能

密度/ (g·cm⁻³)	比表面积/ (m²·kg⁻¹)	凝结时间		抗折强度/MPa			抗压强度/MPa		
		初凝/ min	终凝/ min	3 天	7 天	28 天	3 天	7 天	28 天
3.2	335	201	298	4.9	7.2	10.5	20.7	28.6	45.3

3.1.4.2　粗骨料

粗骨料为沈阳本地碎石，有关性能测试结果见表 3-3、表 3-4。

表 3-3　粗骨料筛分记录

公称直径/cm	40	20	10	5	底
筛余量/g	0	2280	2080	590	50
累计筛余/%	0	45.6	41.6	98.4	100

表 3-4　粗骨料主要性能

粒径/ mm	表观密度/ (kg·m⁻³)	饱和面干吸水率/ %	含泥量/ %	中径颗粒含量/ %	坚固性/ %	压碎指标/ %	硫化物及硫酸盐含量/%	针片状含量/%
5~20	2720	0.85	0.8	64	1	6.1	0.3	4.1

3.1.4.3　细骨料

细骨料采用沈阳本地砂，具体指标见表 3-5。

表 3-5　细骨料的主要性能指标

表观密度/ (kg·m⁻³)	细度模数	吸水率/ %	含泥量/ %	云母含量/ %	硫化物及硫酸盐含量/%
2610	3.15	1.6	2.5	0.26	0.22

3.1.4.4 减水剂

试验采用沈阳盛鑫源建材有限公司 SY-1B 标准型聚羧酸系高性能减水剂。

3.1.4.5 混凝土配合比、工作性能及入模温度

混凝土配合比见表3-6,混凝土拌合物性能见表3-7。

表3-6 混凝土配合比

水灰比	水泥/ (kg·m⁻³)	砂子/ (kg·m⁻³)	石子/ (kg·m⁻³)	水/ (kg·m⁻³)	减水剂/ (kg·m⁻³)
0.42	390	673	1222	165	0.2

表3-7 混凝土拌合物性能

塌落度/mm	含气量/%	泌水率	凝结时间/h	
			初凝	终凝
100	4.6	无	20	32

浇筑混凝土时,环境温度在1℃左右,混凝土入模温度在15℃左右。

3.2 伴热带选型及布置

3.2.1 伴热带选型及布置依据

基于第2章内埋热源混凝土传热理论,开展伴热带选型研究,选型过程如图3-3所示。

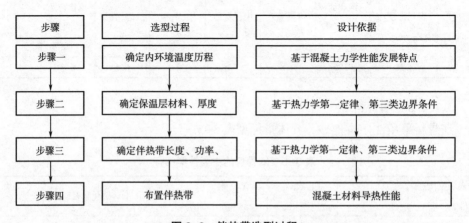

图3-3 伴热带选型过程

步骤一：据混凝土力学性能发展特点，确定混凝土内环境温度历程。

基于成熟度概念确定目标强度到达龄期，设计温度历程。Kanstad[21-22] 等基于等效龄期概念，提出公式（3.1）。该方程考虑等效龄期对混凝土强度增长的作用，便于工程中考虑养护温度历程对强度的影响。

$$f_c(t_e) = \left[\exp^{s(1-\sqrt{672/t_e - t_0})} \right] f_{c28} \tag{3.1}$$

式中：$f_c(t_e)$ 为等效龄期为 t_e 时混凝土的抗压强度（MPa）；S 为形状系数，取决于水泥品种对于正常硬化水泥，$S=0.271$[98]；t_0 为初凝时间（h）。

基于等效龄期成熟度公式（2.23），确定强度到达目标时间 N_2（h）所需混凝土内环境温度 T_2（℃），以此确定混凝土温度历程。假定要求加热 N_2 后，混凝土抗压强度为 $f_c(t_e)$，满足混凝土停止加热养护的设计强度要求，则可设伴热带持续供热时间为 N_2。因此，设温度变化满足式（3.2），混凝土初始温度在 T_1 左右，预计 N_1 到达目标温度 T_2，由初始温度 T_1 到达 T_2 升温阶段，升温速度控制在 V_s（℃/h）。此后，持续加热（N_2-N_1）期间，温度保持在 T_2。N_2 后停止供电，降温速度控制在 V_j。

$$T = \begin{cases} V_s t + T_1 & t < N_1 \\ T_2 & N_1 \leq t \leq N_2 \\ T_2 - V_j t & t > N_2 \end{cases} \tag{3.2}$$

根据式（3.2）、式（2.23）可得：

$$t_e = \begin{cases} \sum_0^t \exp\left[\dfrac{E_a}{R}\left(\dfrac{1}{273+T_r} - \dfrac{1}{273+T_1+V_s t} \right) \right] \Delta t & t < N_1 \\ \sum_0^t \exp\left[\dfrac{E_a}{R}\left(\dfrac{1}{273+T_r} - \dfrac{1}{273+T_2} \right) \right] \Delta t & N_1 \leq t \leq N_2 \\ \sum_0^t \exp\left[\dfrac{E_a}{R}\left(\dfrac{1}{273+T_r} - \dfrac{1}{273+T_2-V_j t} \right) \right] \Delta t & t > N_2 \end{cases} \tag{3.3}$$

步骤二：考虑试件温度下降阶段混凝土水化放热基本结束、伴热带不再放热提供热量，即 $q^8 + PL_s = 0$，则混凝土试件温度变化只与表面放热有关，假定试件整体体积为 V，试件整体温度为 T，则基于第三类边界条件，利用式（2.1）可得：

$$\rho c V \frac{\mathrm{d}T}{\mathrm{d}t} = \beta_s A(T - T_\infty) \tag{3.4}$$

基于预设的温度历程式（3.2）中下降阶段温度下降速率，假定温度下降速率小于等于预设速率 V_j，基于式（3.6），确定混凝土结构保温层等效对流放热系数 β_s，以采用相应的保温层材料、确定其厚度等，保证在温度下降阶段试件不会开裂。

$$\frac{\mathrm{d}T}{\mathrm{d}t} = \frac{\beta_s A(T - T_\infty)}{\rho cV} \leqslant V_j \tag{3.5}$$

$$\beta_s \leqslant V_j \frac{\rho cV}{A(T - T_\infty)} \tag{3.6}$$

步骤三：确定伴热带长度、功率、断面尺寸。当试件温度基本达到 T_2 后保持不变，即达到相对稳定态，则根据式（2.1），基于第三类边界条件，得式（3.8）。考虑伴热带均匀布置原则，首先预设伴热带长度，而后根据式（3.8）确定伴热带功率，以确定伴热带型号。

$$-\beta_s A(T_2 - T_\infty) + q^\& + PL_s = 0 \tag{3.7}$$

$$P = \frac{1}{L}\left[\beta_s A(T_2 - T_\infty) - q^\&\right] \tag{3.8}$$

步骤四：混凝土是热的不良导体，中心处往往是混凝土水化热温度最高的部位，而结构表面部位受环境影响水化热容易散失和传递，对距离表面 5~20cm 范围内的材料影响显著，因此构件区域内温度梯度主要出现在此范围内。因此，为提高冬季构件养护内环境温度，减小表面部位温度梯度，将热源内埋于表面区域内，如图 3-4 所示。

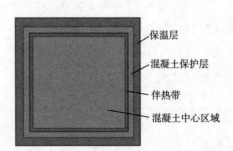

保温层
混凝土保护层
伴热带
混凝土中心区域

图 3-4　伴热带与混凝土柱相对位置断面图

3.2.2　试验柱伴热带选型及布置

步骤一：确定混凝土内环境温度历程。

基于式（3.1），C40 混凝土任意 t 时刻抗压强度为：

$$f_c(t_e) = 40 \times \exp\left[0.271 \times \left(1 - \sqrt{\frac{672}{t_e - 12}}\right)\right] \tag{3.9}$$

假定要求浇筑 72h 后，混凝土抗压强度 $f_c(t_e) = 32\mathrm{MPa} > 0.7f_{c672}$，则试验中伴

热带持续供热为 72h，混凝土入模温度在 15℃左右，预计 30h 到达目标温度峰值，柱 1 峰值设为 52℃，柱 2 峰值设为 50℃。两柱升温速度控制在 2℃/h，降温速度控制在 0.5~1℃/h，则温度变化根据式（3.2）可得：

$$T = \begin{cases} 2t + 15 & t < 30h \\ T_2 & 30h \leqslant t \leqslant 72h \\ T_2 - 0.5t & t > 72h \end{cases} \tag{3.10}$$

步骤二：确定保温层。

根据式（3.6）设计保温层：

$$0.5 < \frac{\beta_s A(T - T_\infty)}{\rho c V} < 1 \tag{3.11}$$

$$10\text{kJ}/(\text{m}^2 \cdot \text{h} \cdot ℃) < \beta_s < 20\text{kJ}/(\text{m}^2 \cdot \text{h} \cdot ℃) \tag{3.12}$$

试验构件保温层选用木模板外包聚氯乙烯（PVC）塑料膜，再加 20mm 棉被，则放热系数 $\beta_s = 14.15\text{kJ}/(\text{m}^2 \cdot \text{h} \cdot ℃)$，满足式（3.12），达到设计要求。施工中为保证保温效果，在塑料膜围护过程中，接缝处采用宽胶带黏贴接缝，形成密闭空间，在构件上中下部采用钢丝将棉被严密地包裹在构件上，并在构件木模板外侧塑料薄膜与棉被之间布置温度传感器监测保温效果。

步骤三：确定自限温伴热带布置方案。

（1）伴热带参数选择

自限温伴热带标称功率是指在 10℃时每米输出功率值（W），一般标称功率在 10~35W/m，试验基于伴热带在混凝土中的热湿环境，制作长×宽×高为 1.4m×1.4m×0.12m 的混凝土薄板，共 3 个，伴热带埋置于距混凝土薄板下表面 25mm 处，即取混凝土板保护层厚度，采用木模板，板上下外包塑料膜棉被保温。伴热带采用江苏天泰阳工科研究有限公司 ZRDXW/J 型自限温低温基本型伴热带，分别选取 15W/m、25W/m、35W/m 三种额定功率，根据公式（3.8），单位立方体混凝土薄板热量总功率不变，随伴热带功率变化，伴热带铺设长度改变。确定伴热带铺设间距，分别为 0.3m、0.4m、0.5m。在龄期为 3 天、7 天、14 天和 28 天时，采用回弹法测定混凝土板 1 号、2 号测区强度，1 号测区位于伴热带上方，2 号测区位于伴热带之间，如图 3-5 所示。

检测结果如图 3-6 所示，从图中可以看出，采用最大功率为 35W/m 伴热带的混凝土板，伴热带中间的混凝土强度是最低的，而且与伴热带上部混凝土检测到的强度差距最大。这是由于混凝土作为热的不良导体，伴热带间距过大，距离伴热带较远处混凝土受热效果不好。采用功率为 15W/m 伴热带的混凝土板，相较于其他功率，薄板的温度场更为均匀，但所需伴热带的长度也是最长的，成本加大，如图 3-7 所示，

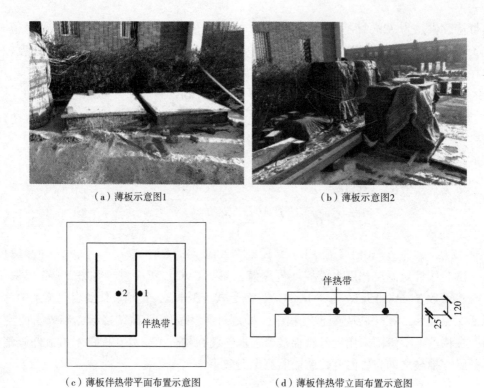

（a）薄板示意图1　　　　　　　　　（b）薄板示意图2

（c）薄板伴热带平面布置示意图　　　　　（d）薄板伴热带立面布置示意图

图 3-5　内埋伴热带薄板试验图

采用功率为 35W/m 伴热带的混凝土板在 2 号测区的温度受外部温度影响最为显著。采用功率为 25W/m 伴热带的混凝土板，在 3 天时混凝土薄板的总体强度均已达到设计强度的 70%，且如图 3-7 所示，温度相较埋有 15W/m 的伴热带的混凝土板温度较为均匀。基于以上试验，本次混凝土柱室外内埋伴热带养护试验方案结果见表 3-8。

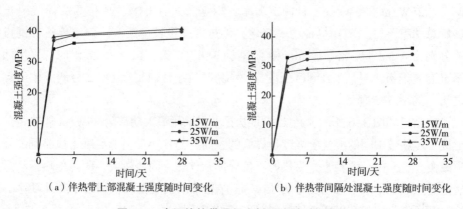

（a）伴热带上部混凝土强度随时间变化　　（b）伴热带间隔处混凝土强度随时间变化

图 3-6　内埋伴热带混凝土板强度随时间变化

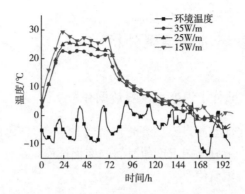

图 3-7　内埋伴热带混凝土板温度随时间变化

表 3-8　自限温伴热带关键参数

序号	伴热带功率 /(W·L⁻¹)	伴热带 长度/m	伴热带 宽度/mm	伴热带 厚度/mm	电压等级 /V	表面最高 维持温度/℃
试验柱 1	25	18	9	2	220	65±5
试验柱 2	25	15	9	2	220	65±5

（2）伴热带布置构造设计

将伴热带沿钢筋笼四面绑扎于箍筋上，如图 3-8（a）所示，试验柱 1 伴热带布置构造如图 3-8（b）所示，伴热带每一侧面沿"弓"字形布置，竖向间距 475mm，顶层伴热带距上表面 25mm，底层伴热带距底面 25mm，共布置四面。试验柱 2 伴热带布置构造如图 3-8（c）所示，伴热带每一侧面沿"己"字形布置，竖向间距 725mm，顶层伴热带距上表面 25mm，底层伴热带距底面 25mm，共布置四面。

 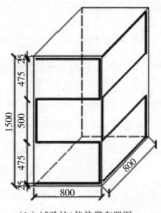 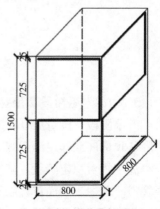

（a）伴热带布置实物　　　（b）试验柱1伴热带布置图　　　（c）试验柱2伴热带布置图

图 3-8　伴热带布置构造图

3.3 试验柱温度场试验结果分析

3.3.1 混凝土试验柱 1 温度场试验数据分析

混凝土试验柱 1 竖向监测点温度变化曲线（图 3-9），由图中可以看出，随着养护时间的推移，整个混凝土内温度随时间的变化过程大致分为三个阶段：升温阶段、相对稳定阶段、降温阶段。

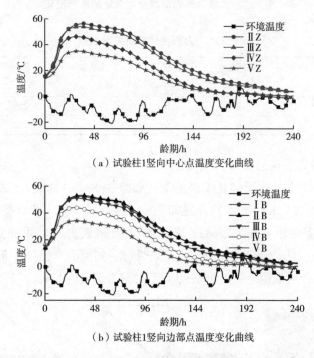

（a）试验柱1竖向中心点温度变化曲线

（b）试验柱1竖向边部点温度变化曲线

图 3-9 试验柱 1 竖向温度变化曲线

3.3.1.1 各阶段温度变化

升温阶段：浇筑后 0~35h，混凝土柱上部温度梯度大于下部温度梯度，即温度梯度从顶部向底部逐渐递减。温度最高点，即温度峰值从顶部向底部逐渐递减。

温度相对稳定阶段：浇筑后 35~72h，温度曲线表现为温度梯度微小，温度下降缓慢。其中，断面Ⅳ温度梯度最大。温度相对稳定阶段，温度始终表现为从顶部向底部逐渐递减。但断面Ⅰ的边点由于受外部环境温度影响显著，温度略低于断面Ⅱ监测点温度。

下降阶段：浇筑72h后为下降阶段，降温过程可以分为两段：快速下降阶段和平缓下降阶段。快速下降阶段混凝土柱上部温度梯度大于下部温度梯度，即温度梯度从顶部向底部逐渐递减。在平缓下降阶段，混凝土柱受到环境升温的影响，所有监测点在浇筑110h后降温速率减小。

3.3.1.2　各断面温度变化

（1）断面Ⅱ

针对每一断面温度分布变化开展研究，断面Ⅱ监测点温度变化对比曲线，如图3-10所示。从图中可以看出：

升温阶段：断面Ⅱ的入模温度在15℃左右，入模后，混凝土温度总体急剧上升，边部温度梯度与中心温度梯度基本相等，混凝土柱边部测点34.5h到达温度峰值53.13℃。混凝土中心点温度在入模37h后到达温度峰值55.06℃。

相对稳定阶段：当地的平均气温在-12℃左右，在浇筑40h后迎来一次持续40h的寒潮，使混凝土构件与环境温度温差加大，导致对外传热及辐射增加，但由于伴热带的加热作用，使得构件边点与中心点温差最大只有3.57℃。温度相对稳定阶段，各点温度梯度非常接近。

降温阶段：在加热72h后，停止对伴热带供电，监测点温度均开始持续下降，边点温度梯度大于中心温度梯度。快速下降阶段的中心点与边点温度差最高达5.52℃。此外，由于伴热带的作用，在伴热带停电时刻，边点相较于中心点有非常明显的温度下降拐点。

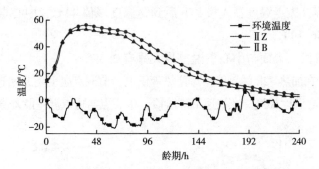

图 3-10　试验柱 1 断面 Ⅱ 监测点温度变化曲线

（2）断面Ⅲ

混凝土试验柱1断面Ⅲ是该柱的中心断面，监测点温度变化曲线如图3-11所示。从图中可以看出：

升温阶段：该断面中心点和边点入模温度在15.5℃左右，边部温度梯度与中心温度梯度基本相等，边点温度在入模29h后到达温度峰值51℃，中心点在入模33h

后到达温度峰值 53.94℃。

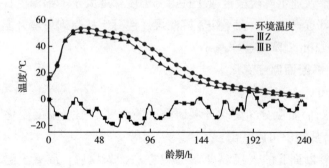

图 3-11 试验柱 1 断面Ⅲ监测点温度变化曲线

相对稳定阶段：尽管受寒流影响，但由于伴热带的加热作用，构件边点与中心点温差最大只有 3.54℃左右。

降温阶段：在加热 72h 后，停止对伴热带供电，监测点温度均开始连续下降，边点温度梯度大于中心温度梯度。在快速下降阶段，中心点与边点温度差最大值为 5.52℃左右。

（3）断面Ⅳ

混凝土试验柱 1 断面Ⅳ温度变化曲线，如图 3-12 所示。从图中可以看出：

升温阶段：该断面中心点和边点入模温度在 16℃左右。边部温度梯度与中心温度梯度基本相等，边点温度在入模 27h 后到达温度峰值 44℃，中心点在入模 30h 后到达温度峰值 46.19℃。

相对稳定阶段：表面与中心点温差最大只有 2.39℃。

降温阶段：在加热 72h 后，停止对伴热带供电，监测点温度均开始连续下降，边部温度梯度大于中心温度梯度。在快速下降阶段，中心点与边点温差最大值为 2.31℃左右。

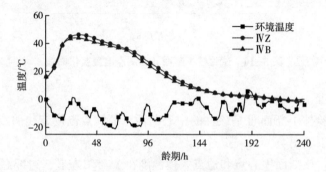

图 3-12 试验柱 1 断面Ⅳ监测点温度变化曲线

（4）断面 V

混凝土试验柱 1 断面 V 温度变化曲线，如图 3-13 所示。从图中可以看出：

升温阶段：混凝土柱底部断面 V 的中心点和边点入模温度在 16℃ 左右。边部温度梯度与中心温度梯度基本相等，边点温度在入模 28h 后到达温度峰值 34.19℃，中心点在入模 30.5h 后到达温度峰值 34.94℃。

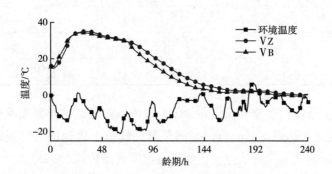

图 3-13　试验柱 1 断面 V 监测点温度变化曲线

相对稳定阶段：表面与中心点温差最大只有 1.4℃。

降温阶段：在加热 72h 后，停止对伴热带供电，监测点温度均开始连续下降，边部温度梯度大于中心温度梯度，且在停电时刻，边点温度曲线有非常明显的拐点。在快速下降阶段，中心点与边点温差最高值在 4.36℃ 左右。

3.3.1.3　温度场分析

混凝土试验柱 1 监测点关键数据，见表 3-9，从表中可以看出，混凝土试验柱 1 整体浇筑温度在 15℃ 左右。

表 3-9　混凝土试验柱 1 监测点关键数据

测点	起始温度/℃	升温速率/(℃·h⁻¹)	到达峰值时间/h	峰值温度/℃	稳定阶段降温速率/(℃·h⁻¹)	稳定阶段持续时间/h	降温拐点温度/℃	降温时刻降温速率/(℃·h⁻¹)
ⅡZ	15	2	37	56.26	0.12	35	51.8	0.31
ⅢZ	16.56	2	33	54	0.13	39	48.99	0.38
ⅣZ	14.88	2	30	46.19	0.22	42	37	0.31
ⅤZ	16	1	30.5	34.94	0.14	41.5	29.3	0.31
ⅠB	13.69	2	35	52.31	0.11	37	48.1	0.69

测点	起始温度/℃	升温速率/(℃·h⁻¹)	到达峰值时间/h	峰值温度/℃	稳定阶段降温速率/(℃·h⁻¹)	稳定阶段持续时间/h	降温拐点温度/℃	降温时刻降温速率/(℃·h⁻¹)
ⅡB	14	1.8	34.5	53.13	0.12	37.5	48.69	0.34
ⅢB	15.38	2	29	51	0.15	43	44.65	0.31
ⅣB	16.13	2	27	44	0.18	45	36.04	0.25
ⅤB	15.56	1	28	34.19	0.14	44	29.3	1.31

升温阶段：总体温升速率稳定在2℃/h以内，只有最下层断面Ⅴ的温升速率在1℃/h，各监测点到达温度最高点的时间及温度峰值由底部向顶部逐渐增加。断面Ⅱ中心点，最晚到达温度峰值点，但峰值点温度最高达到56.26℃。

相对稳定阶段：各点降温速率在0.11~0.15℃/h范围内。

降温阶段：伴热带停电后，混凝土各点进入降温阶段，降温拐点的温度由上部向下部逐渐减小，降温速率在0.25~0.56℃/h。其中，断面Ⅴ边部监测点降温速率最大，达到1.31℃/h；断面Ⅰ边部监测点降温速率其次，达到0.69℃/h。

3.3.2　混凝土试验柱2温度场试验数据分析

3.3.2.1　各阶段温度变化

混凝土试验柱2竖向监测点温度变化曲线，如图3-14所示，由图中可以看出，随着养护时间的推移，整个混凝土内温度大致分为三个阶段：升温阶段、相对稳定阶段、降温阶段。

升温阶段：浇筑后0~35.5h，由于断面Ⅰ、断面Ⅲ、断面Ⅴ布置有伴热带，受伴热带及环境温度影响，混凝土试验柱温度梯度的变化规律为中部大于上部温度梯度，上部大于下部温度梯度。温度最高点，即温度峰值同样表现为这一规律。

温度相对稳定阶段：浇筑后35.5~72h，受伴热带放热影响，温度曲线表现为温度梯度微小，温度缓慢下降。温度相对稳定过程中，温度始终表现为中部大于上部温度，上部大于下部温度。断面Ⅱ温度最高，断面Ⅴ温度最低。

下降阶段：浇筑72h后，随时间发展，降温过程可以分为两段：快速下降阶段和平缓下降阶段。快速下降阶段，混凝土试验柱中部大于上部温度梯度，上部大于下部温度梯度。在平缓下降阶段，混凝土试验柱受到环境升温的影响，所有监测点在浇筑110h后降温速率减小。

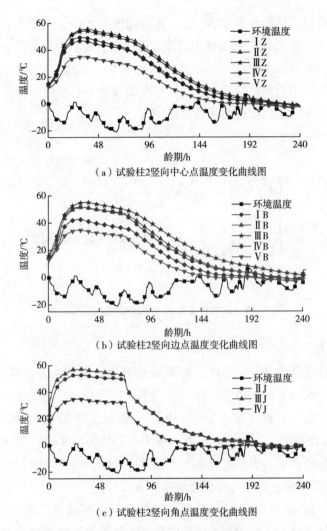

（a）试验柱2竖向中心点温度变化曲线图

（b）试验柱2竖向边点温度变化曲线图

（c）试验柱2竖向角点温度变化曲线图

图 3-14　柱 2 竖向温度变化曲线

3.3.2.2　各断面温度变化

（1）断面 I

针对每一断面温度分布变化开展研究，断面 I 是试验柱 2 的顶面，该面监测点温度变化曲线，如图 3-15 所示。从图中可以看出：

升温阶段：断面 I 的入模温度在 15℃ 左右，入模后，混凝土温度急剧上升，边点温度梯度与中心温度梯度基本相等，但受伴热带放热影响，边点温度大于中心点温度。混凝土柱边部测点在 29h 时到达温度峰值 51.69℃。混凝土中心点温度在入模 30.5h 后到达温度峰值 49.31℃。

相对稳定阶段：受伴热带放热影响，边点温度大于中心点温度，但构件边点与中心点温差最大只有 4.82℃。温度相对稳定过程中，各点温度梯度非常接近。

降温阶段：在加热 72h 后，停止对伴热带供电，监测点温度均开始持续下降，边点温度梯度大于中心温度梯度，且边点温度曲线有非常明显的温度下降拐点。快速下降阶段中心点与边点温度差最高达 2.23℃。

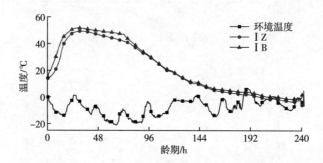

图 3-15　试验柱 2 断面 Ⅰ 监测点温度变化曲线

（2）断面Ⅱ

试验柱 2 断面Ⅱ温度变化曲线，如图 3-16 所示。从图中可以看出：

升温阶段：断面Ⅱ的入模温度在 15℃左右，但受伴热带放热影响，角点的初始温度达到 18.81℃。中心点在入模 35.5h 后达到温度峰值 55.56℃，边点在入模 31.5h 后达到温度峰值 51.5℃，角点在入模 27h 后达到温度峰值 52.81℃。

相对稳定阶段：中心点温度最高，边点温度最低，边点与中心点温差最大只有 4.5℃。温度缓慢下降过程中各点温度梯度非常接近。

降温阶段：在加热 72h 后，停止对伴热带供电，监测点温度均开始持续下降，其中角点温度梯度最大，且相较于中心点有非常明显的温度下降拐点。快速下降阶段中心点与角点温度差最高达到 14.01℃。

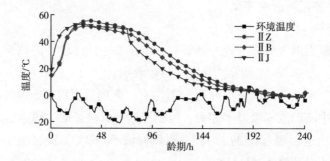

图 3-16　试验柱 2 断面Ⅱ监测点温度变化曲线

（3）断面Ⅲ

混凝土试验柱 2 断面Ⅲ温度变化曲线，如图 3-17 所示。从图中可以看出：

升温阶段：中心点与边点入模温度在 15℃ 左右，受断面Ⅲ角部伴热带布置密集影响，角点的初始温度达到 22.94℃。中心点在入模 34.5h 后达到温度峰值 54.13℃，边点入模 35.5h 后达到温度峰值 55.6℃，角点在入模 27h 后到达最高温度 57.63℃。

相对稳定阶段：受伴热带传热影响，角点温度最大，边点温度最小，角点与中心点温差最大只有 4.42℃。温度缓慢下降过程中，各点温度梯度非常接近。

降温阶段：停止对伴热带供电后，监测点温度均开始持续下降，角点的温度梯度最大，且在伴热带停电时刻，温度曲线有明显拐点，温度下降速率达到 4.81℃/h。快速下降阶段中心点与角点的温度差最高达到 15.12℃。

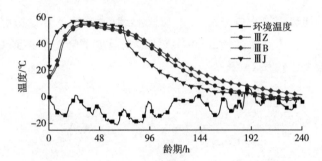

图 3-17　试验柱 2 断面Ⅲ监测点温度变化曲线

（4）断面Ⅳ

混凝土试验柱 2 断面Ⅳ温度变化曲线，如图 3-18 所示。从图中可以看出：

升温阶段：中心点和边点入模温度在 14.5℃ 左右，角点的初始温度为 15.38℃。中心点在入模 30.5h 后达到温度峰值 46.75℃，边点入模 28.5h 后达到温度峰值 42.56℃，角点在入模 27h 后达到温度峰值 34.81℃。

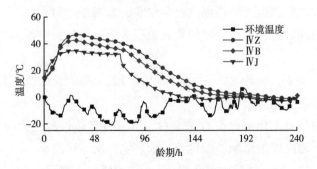

图 3-18　试验柱 2 断面Ⅳ监测点温度变化曲线

相对稳定阶段：中心点温度最高，角点的温度最低，角点与中心点温差最大只有 12.91℃。温度缓慢下降过程中，各点温度梯度非常接近，角点温度梯度最小。

降温阶段：伴热带停止供电后，内外监测点温度持续下降。角点的温度梯度最大，边点与中心点温度梯度接近。在停电时，角点温度曲线的拐点处最大温度下降速率达到 5.2℃/h。中心点与角点温差最大达到 20.3℃。

（5）断面 V

混凝土试验柱 2 断面 V 温度变化曲线，如图 3-19 所示。从图中可以看出：

升温阶段：中心点和边点入模温度在 13℃ 左右。中心点在入模 32h 后达到最高温度 35℃，边点入模 28h 后达到最高温度 34.56℃。

相对稳定阶段：中心点与边点的温度接近，温差最大处只有 1.2℃，且各点温度梯度接近。

降温阶段：伴热带停止供电后，内外监测点温度持续下降。边点与中心点温度梯度接近。停电时，边点温度曲线的拐点处最大温度下降速率达到 0.5℃/h。中心点与边点温差最大达到 5.13℃。

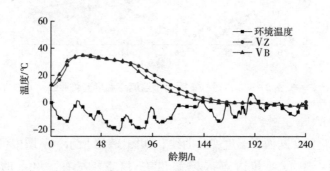

图 3-19　试验柱 2 断面 V 监测点温度变化曲线图

3.3.2.3　温度场分析

混凝土棉被内监测点与环境温度变化曲线，如图 3-20 所示。从图中可以看出，棉被内温度随时间发展，整个温度历程大致分为三个阶段：升温阶段、相对稳定阶段、降温阶段。

升温阶段：混凝土浇筑后 0~26h，在该阶段，试验柱受水泥水化放热升温影响，温度曲线表现为温度升高。

相对稳定阶段：水化放热接近完全后，尽管有伴热带放热影响，但在该阶段，试验柱受到日环境温度的影响，温度曲线随环境温度变化波动。

降温阶段：72h 后，伴热带停止供电，在该阶段，试验柱温度持续下降，随环

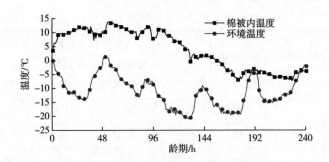

图 3-20　试验柱 2 棉被内温度变化曲线

境温度变化明显。

　　试验柱 2 监测点关键数据，见表 3-10。从表中可以看出，混凝土柱 2 整体浇筑温度在 15℃左右，角部监测点受伴热带影响，初始温度较其他点高。

　　升温阶段：总体温升速率稳定在 2℃/h 以内，只有底层断面 V 的温升速率在 1℃/h，各监测点到达温度最高点的时间及温度峰值由上下两端向中部逐渐增加，其中，断面Ⅲ的角点处由于伴热带布置较为密集，因此该处温度峰值最高。

　　相对稳定阶段：各点降温速率保持在 0.06~0.18℃/h，角点受伴热带影响降温速率最慢。

　　降温阶段：温度下降拐点值由顶层向底层逐渐减小，降温速率在 0.5℃/h 左右。

表 3-10　混凝土试验柱 2 各监测点主要数据

测点	起始温度/℃	升温速率/(℃·h⁻¹)	到达峰值时间/h	峰值温度/℃	平稳阶段降温速率/(℃·h⁻¹)	平稳阶段持续时间/h	降温拐点温度/℃	降温速率/(℃·h⁻¹)
ⅠZ	14	2	30.5	49.31	0.18	41.5	45.25	0.61
ⅡZ	14.5	2	35.5	55.56	0.13	36.5	51.31	0.5
ⅢZ	14.81	2	34	54.13	0.16	38	50.5	0.5
ⅣZ	14.88	2	30.5	46.75	0.15	41.5	41.31	0.6
ⅤZ	12.88	1	27.5	35	0.14	40.5	24.5	0.5
ⅠB	15	2	28.5	51.69	0.11	43.5	49.31	0.62
ⅡB	14.5	1.8	31	51.5	0.14	41	48.36	0.64
ⅢB	15.75	2	34.5	55.06	0.15	37.5	52.06	0.5
ⅣB	14.56	2	28	42.56	0.15	44	37.81	0.6

续表

测点	起始温度/℃	升温速率/(℃·h⁻¹)	到达峰值时间/h	峰值温度/℃	平稳阶段降温速率/(℃·h⁻¹)	平稳阶段持续时间/h	降温拐点温度/℃	降温速率/(℃·h⁻¹)
ⅤB	12.88	1	29	34.56	0.1	44.5	19.25	0.5
ⅡJ	18.81	1	27	52.81	0.07	45	46.94	4.5
ⅢJ	22.94	2	31	57.19	0.11	41	50	0.4
ⅣJ	13.13	1	27	34.81	0.06	45	33.75	0.5

3.3.3 混凝土试验柱1与试验柱2温度场变化分析

混凝土试验柱1、试验柱2采用不同长度伴热带,试验柱1伴热带竖向间距460mm,试验柱2伴热带竖向间距725mm。混凝土试验柱1断面Ⅲ(无伴热带)、试验柱2断面Ⅲ(布置伴热带)边部温度变化曲线,如图3-21所示,从图中可以看出,两者上升速率及温度非常接近,试验柱2比试验柱1温度最高点高4℃,稳定阶段温度降低速率都为0.15℃/h。主要原因为试验柱2边点在伴热带旁边,温度更高。温度下降阶段,边点均受环境影响较明显。

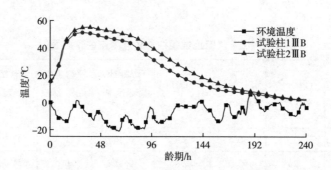

图3-21 试验柱1与试验柱2断面Ⅲ边点温度场变化对比

混凝土试验柱1、试验柱2断面Ⅲ中心点温度变化,如图3-22所示,可以看出两者上升速率及温度非常接近,试验柱2比试验柱1温度最高点高0.1℃,稳定阶段试验柱1温度降低速率只有0.13℃/h,试验柱2为0.16℃/h,主要原因为试验柱2断面Ⅲ铺设有伴热带,整个断面温度较高。温度下降阶段,边点受环境影响较明显。

综上所述,基于不同布置方案的混凝土柱温度时程曲线分析,可以得出,由于混凝土柱浅层埋有伴热带，因此，加热期间水化迅速，混凝土升温较快，且中心点与边点温差较小，在断面布置有伴热带的边部温度高于中心点温度，这与传统温度场的分布规律是不同的。而在伴热带停电时，断面布置有伴热带的边部温度曲线表现出明显的拐点，主要是由于伴热带处温度较高，停电后受环境温度的影响，对外传热量较大，因此，边点温度降低速率大于其他点。

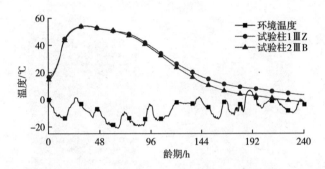

图 3-22　试验柱 1 与试验柱 2 断面Ⅲ中点温度场变化对比

3.4　内埋热源混凝土温度场模拟

3.4.1　温度场数值模型

基于 2.1 节建立的伴有热源放热的早龄期混凝土非稳态温度场控制方程，同时考虑含水率变化、温差等影响因素的热物理参数数学模型，通过多物理场耦合数值分析软件 COMSOL multiphysics（后简称 COMSOL），对内埋热源早龄期混凝土的温度场进行精细化模拟，并结合混凝土试验柱温度场试验数据，对各关键参数进行标定。

COMSOL multiphysics 是瑞典 COMSOL 公司开发的一款大型的高级数值仿真软件，最初是 Matlab 的一个工具箱，随着其功能的不断增加和完善，逐渐发展成为独立的多物理场耦合计算分析软件。COMSOL 因其高效的计算性能和杰出的多场直接耦合分析能力，被广泛应用于各个领域的科学研究以及工程计算。在交互环境下，对于基于偏微分方程组的多物理耦合过程，COMSOL 不需要编制复杂的偏微分方程组的求解器，而是利用其内嵌的多种物理模型，如化学反应工程模型、热传导模型、浓度扩散模型、结构力学模型等。偏微分方程组模式是 COMSOL 功能最强大、最灵活的求解方法，它有 3 个数学应用模式描述偏微分方程组：系数形式（coefficientform）、通式（generalform）和弱形式（weakform）。

　　以内埋伴热带混凝土试验柱 2 的试验结果为依据，建立相同的混凝土柱三维数值模型。图 3-23 是混凝土柱的三维数值模型示意图，长×宽×高为 0.8m×0.8m×1.5m。考虑已有构件对加热养护期混凝土柱性能的影响，柱下混凝土基础高取 0.5m。数值模型中网格类型选择为自由剖分四面体网格，为使计算结果满足分析精度的要求，网格尺寸采用标准网格划分，整个模型的单元数量为 22460 个。

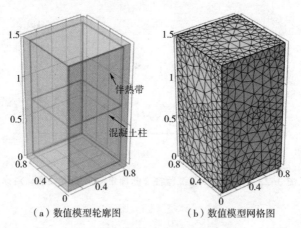

（a）数值模型轮廓图　　　　　（b）数值模型网格图

图 3-23　混凝土柱数值模型图

　　为更加真实地反映混凝土柱浇筑后的温度场分布规律，在 COMSOL 的计算分析中选择了"固体传热"分析模型，基于第 2 章提出的非稳态温度场控制方程，修正模块原有默认控制方程。同时，为更好地模拟混凝土不同区域的水化程度，通过定义系数型偏微分方程（PDE）将有效龄期 t_e［式（2.23）］加入模型中，实现有效龄期与传热物理场的耦合作用，得到精确的混凝土柱温度场模拟。其中有效龄期 t_e 与混凝土各热力学参数的关系已在 2.3 节进行详述，此处不再赘述。

　　在计算的初始时刻，按照混凝土柱温度场试验实际情况确定模型的初始条件：混凝土的入模温度 T_0 为 288K（15℃）。另外，模型计算中需要确定模型的边界条件，在传热分析过程中边界条件是指结构表面与周围介质间的热传导相互作用。

　　对于本试验混凝土柱试件共有两种表面接触：混凝土柱外表面和混凝土柱与伴热带接触面。试验中混凝土柱外表面并非与空气直接接触，为了模拟实际冬季养护过程中采取的保温措施，如在混凝土表面包裹一层保温层。此类边界条件可通过选择合适的等效放热系数 β_1，将其看作第三类边界条件。对于混凝土柱与伴热带的接触实际应为两固体直接接触的第四类边界条件，但由于实际试验过程中采用阶段性加热方式，无法确定伴热带停止加热后的温度变化规律。因此，数值模型中将该部分边界条件设定为第三类边界条件，通过控制传热系数的大小等效伴热带与混凝土柱的热交换方式。数值模型中所用到的其他参数见表 3-11，数值模型中上述两种边界条件等效放热系数见表 3-12。

表 3-11　混凝土柱模型参数

参数名称	单位	参数值
混凝土密度 ρ	$kg \cdot m^{-3}$	2500
反应活化能 E_a	$J \cdot mol^{-1}$	33500
理想气体常数 R	$J \cdot mol^{-1} \cdot K^{-1}$	8.314
参考温度 T_r	℃	20
等效龄期 t_e	s	式 (2.23)
水化度 α		$\alpha(t_e) = 0.82(1-e^{-mt_e})$
水化的最终程度 α_u		0.82
每立方水泥的质量 W_c	kg	400
每立方骨料的质量 W_a	kg	1661
每立方水的质量 W_w	kg	200
混凝土最终导热系数 λ_μ	$kJ \cdot m^{-1} \cdot h^{-1} \cdot K^{-1}$	7.185
导热系数 λ	$kJ \cdot m^{-1} \cdot h^{-1} \cdot K^{-1}$	式 (2.38)
水泥的比热值 c_c	$kJ \cdot kg^{-1} \cdot K^{-1}$	1.14
水泥的比热值 c_a	$kJ \cdot kg^{-1} \cdot K^{-1}$	0.678
水泥的比热值 c_w	$kJ \cdot kg^{-1} \cdot K^{-1}$	4.187
混凝土水泥假定比热值 c_{cef}	$kJ \cdot kg^{-1} \cdot K^{-1}$	式 (2.31)
比热容 c	$kJ \cdot kg^{-1} \cdot K^{-1}$	式 (2.33)
绝热温升 θ	K	$\theta = 48.6(1-e^{-0.86t_e})$

表 3-12　两种边界条件下混凝土柱等效放热系数

边界条件	等效放热系数/$(kJ \cdot m^{-2} \cdot h^{-1} \cdot K^{-1})$	
	龄期为 0~72h	龄期为 72~200h
混凝土柱外表面 β_{t1}	8.3	8.3
混凝土柱与伴热带接触面 β_{t2}	418.6	0

3.4.2　模型有效性验证

基于三维数值模型，以试验数据为依据，将数值模拟温度场结果进行整理，与试验温度测点结果进行对比分析，用来标定数值模型，以满足进行后续研究的精度要求。试验柱 2 的实测温度数据与数值模型计算结果曲线对比结果如图 3-24 所示，从图中可以看出，提出的计算模型与实测数据吻合度较高，尤其在内埋热源加热期间变化规律大致相同。当热源停止加热后，除试件Ⅲ层边部外，计算模型的计算结果略高于实测温度。计算模型计算结果产生偏差的原因主要是未能考虑混凝土柱外侧包裹保温层传热系数的等效精度。混凝土柱外侧包裹保温层的均匀性、密实程度等均会对试件的温度场分布产生一定影响，模型中则采用统一的等效传热系数，并未考虑由于保温层安装产生的偏差。

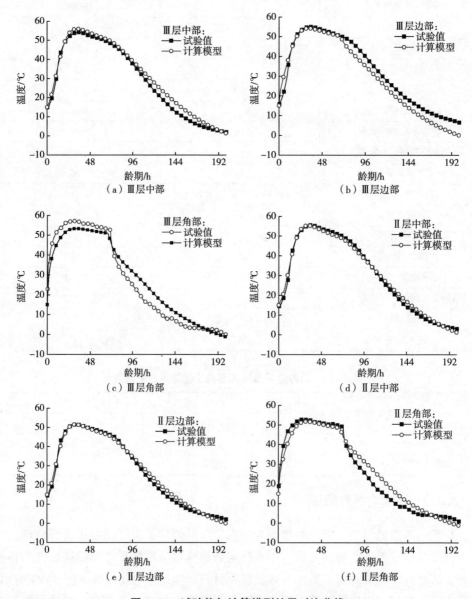

图3-24 试验值与计算模型结果对比曲线

3.4.3　温度场变化规律

通过整理上述数值模型计算结果，得到混凝土早龄期不同养护时间下混凝土柱竖向和横向温度分布规律。

混凝土试验柱 2 的竖向中心温度变化曲线如图 3-25 所示，从图中可以看出，混凝土试验柱竖向温度呈现两端低、中间高的特征。混凝土试验柱中部温度比试验柱底端平均高约 10℃。这是由于混凝土试验柱上下两端受外部环境温度影响显著，对外传热较混凝土柱的中心快，因此，温度较低。混凝土试验柱底部温度比混凝土试验柱顶部低 5℃左右，混凝土试验柱底部与已有混凝土构件接触，对外相对于包裹保温层的顶部传热量大。此外，可以看出，当浇筑时间大于 48h 后，混凝土试验柱内竖向分布规律基本不变，呈现整体升温或降温。

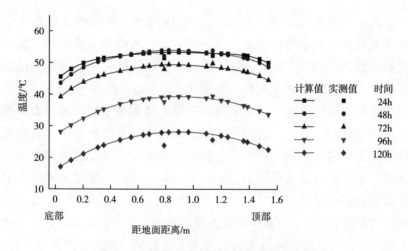

图 3-25　混凝土试验柱中部竖向温度分布

混凝土试验柱断面Ⅲ中部水平方向温度分布规律如图 3-26 所示，从图中可以看出，混凝土试验柱 2 浇筑初期，与竖向分布规律不同的是，在断面横向上，混凝土试验柱最高温度出现在伴热带附近，且伴热带所围成的混凝土内部区域温度大致相同。伴热带附近区域约高于断面中部温度平稳区域 2.3℃左右。当伴热带停止加热后，混凝土试验柱横向温度曲线呈现中间高、两端低的变化规律，中间温度与两端温度温相差 3℃左右。

为更直观地研究温度场分布规律，将龄期分别为 1~5d（24h、48h、72h、96h、120h）的模型竖向断面和横向断面温度场分布云图进行整理。混凝土试验柱 2 中部竖向断面在不同养护时间下的温度分布云图如图 3-27 所示，从图中可

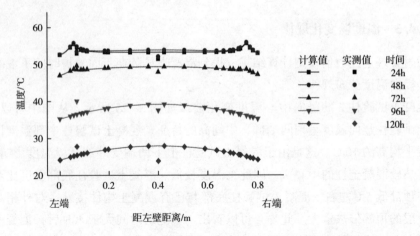

图3-26　混凝土试验柱中部横向温度分布

以看出，在内埋热源加热时期（0~72h），温度最高点均出现在伴热带交接的角点处。由于水化反应产生的热量在 $t=24h$ 时较少，对混凝土试验柱的温度场分布产生主要影响的是伴热带产生的热量。随着养护时间的增加，混凝土试验柱高温区逐渐扩展为上部的十字交叉形态，如图3-27（b）、图3-27（c）所示。随着伴热带持续加热，高温区由十字交叉形态逐渐扩展为模型中上部的近似椭圆形高温区，如图3-27（d）所示。混凝土试验柱底部始终处于低温区，这与混凝土试验柱已有结构传热有关，当伴热带停止加热后，混凝土试验柱内部温度分布的规律基本保持不变，如图3-27（d）、图3-27（e）所示，混凝土试验柱中上部温度云图呈现为椭圆形分布。

　　混凝土试验柱2中部断面Ⅲ不同浇筑时间下的温度分布云图，如图3-28所示，从图中可以看出，与上述竖向断面温度分布变化类似，在内埋热源加热期间（0~72h），高温区出现在伴热带附近，温度最高点出现在四条伴热带交接的角点区域。混凝土的中心区域温度分布则较均匀。当伴热带停止加热后，伴热带周围区域受外界环境温度影响，温度迅速降低，断面处温度表现为由中部向四周逐渐减小的圆形温度分布形态。此时，温度最小区域为断面的四个角部，中心与角部温度相差6℃。

　　为进一步探究温度场模型各个关键参数的变化规律，应用COMSOL软件中内嵌三维截点功能，得到模型竖向中心不同高度处的热力学参数随龄期发展的变化规律。混凝土试验柱2竖向不同高度位置处水化度随时间变化规律，如图3-29所示，从图中可以看出，尽管同一时刻不同高度处的水化度较为接近，但仍表现出中部高温区域的水化度高于两端低温区域水化度的分布特点。当 $t=40h$ 时，水化度逐渐趋近于0.82，证明水化反应在不到2天时间里，已基本反应完全。

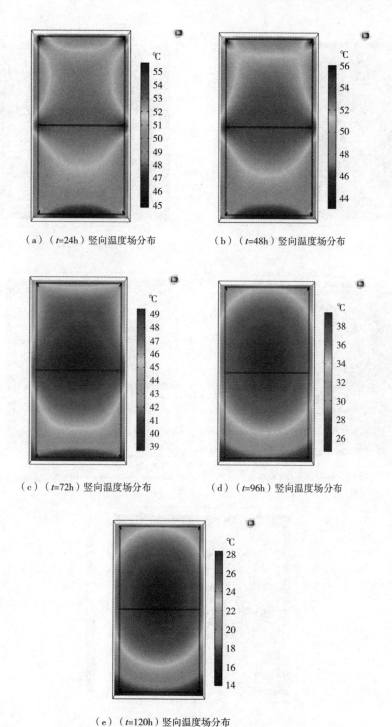

（a）（t=24h）竖向温度场分布　　　　（b）（t=48h）竖向温度场分布

（c）（t=72h）竖向温度场分布　　　　（d）（t=96h）竖向温度场分布

（e）（t=120h）竖向温度场分布

图 3-27　混凝土试验柱 2 竖向温度场分布

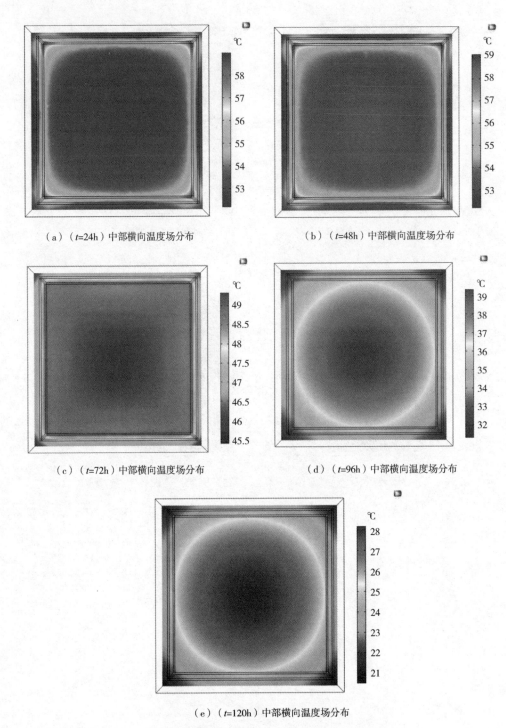

（a）（t=24h）中部横向温度场分布　　　　　　　（b）（t=48h）中部横向温度场分布

（c）（t=72h）中部横向温度场分布　　　　　　　（d）（t=96h）中部横向温度场分布

（e）（t=120h）中部横向温度场分布

图 3-28　混凝土试验柱 2 中部横向温度场分布

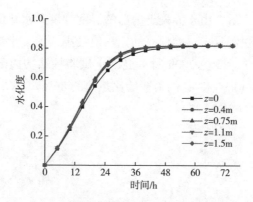

图 3-29 混凝土试验柱 2 水化度随时间变化

混凝土试验柱 2 不同位置的水化度不同源于各点等效龄期不同。对混凝土不同高度处的等效龄期进行整理如图 3-30 所示，从图中可以看出，受内埋热源影响，混凝土的等效龄期远高于实际养护时间。如当实际养护时间为 200h 时，混凝土柱各点的等效龄期为 250~400h，是养护时间的 1~2 倍。因此在混凝土试验柱伴热加热过程中，水化反应快速进行，模型符合实际水化反应情况。

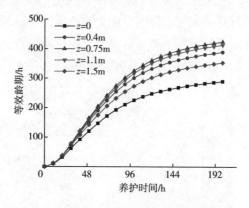

图 3-30 混凝土试验柱 2 等效龄期随时间变化

随着混凝土试验柱 2 内部温度分布的不断变化和水泥水化反应的不断进行，混凝土柱不同位置处的热力学参数也在不断改变。

混凝土试验柱 2 不同高度处的比热值随时间的变化曲线如图 3-31 所示，从图中可以看出，当混凝土浇筑入模时，混凝土比热值约为 $0.9678kJ/(kg \cdot K)$，随着混凝土水化反应的不断进行，比热值呈非线性减小，并且逐渐趋于稳定。在浇筑后的 20h 以内，各点比热值相差不大。由于混凝土比热值受混凝土温度和水化度的影响显著，在浇筑 30h 以后，由于混凝土内部的温度梯度和水化度的不同，各点比热值产生较大差异。其中混凝土试验柱底部比热值最小，混凝土试验柱中上部位置出现最大比热值。当浇筑后养护 200h 时，混凝土试验柱结构内部各点比热值相差不大，平均为 $0.8362kJ/(kg \cdot K)$，约为初始比热值的 86%。

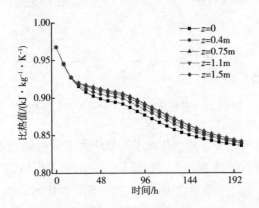

图 3-31　混凝土试验柱 2 不同高度比热值随时间变化

混凝土试验柱竖向不同高度的导热系数随养护时间的变化关系曲线如图 3-32 所示，从图中可以看出，导热系数与水化度变化大致相反，导热系数随混凝土水化发展而减小。与比热值相比，导热系数下降速度较快，约 50h 即趋于稳定。导热系数初始值为 $3.185W/(m \cdot K)$，混凝土最终导热系数为 $2.36W/(m \cdot K)$，约为初始值的 74%。

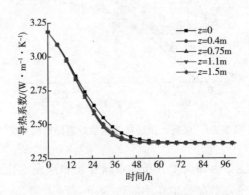

图 3-32　混凝土试验柱不同高度导热系数随时间变化

3.4.4　参数灵敏性分析

以混凝土试验柱 2 断面Ⅱ（未布置伴热带）、断面Ⅲ（布置伴热带）为研究对象，依据表 3-13 中的基本参数建立模型，分别比较入模温度、导热系数、环境温度等参数对温度场的影响。

表 3-13　混凝土模型参数

参数	基础模型参数	参数 1 组	参数 2 组
入模温度/℃	15	5	10
导热系数/(kJ·m^{-1}·h^{-1}·K^{-1})	10	8	12
环境温度/℃	−10	0	−20
加热时间/天	3	1	7
热源温度/℃	65	45	85
表面放热系数/(kJ·m^{-2}·h^{-1}·K^{-1})	15	10	20

3.4.4.1　入模温度对内埋热源温度场影响

入模温度为 5℃、10℃、15℃时，混凝土试验柱 2 断面Ⅱ、断面Ⅲ温度场分布变化规律如图 3-33 所示。从图中可以看出，在温度上升阶段，不管是否在伴热带附近，混凝土试验柱的中心点、边点、角点的浇注温度直接影响混凝土峰值温度，浇筑温度越高，混凝土温升阶段温度升高越快，浇筑温度越高，峰值温度越高；在混凝土温度相对稳定阶段，浇筑温度越高温度降低越快；在伴热带停电后的降温阶段，降温速度与浇注温度关系不大。从混凝土控温的角度可知，混凝土峰值温度等于浇注温度与水化热温升之和，由于稳定阶段温度受到环境温度和结构形式的影响，一般很难控制，可以控制的只有浇注温度和最高温度，因此浇注温度对混凝土温度场至关重要。

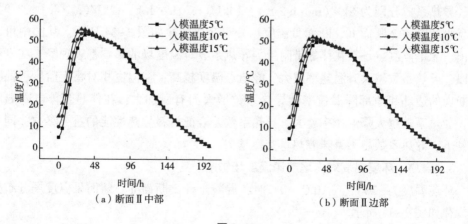

（a）断面Ⅱ中部　　　　　　（b）断面Ⅱ边部

图 3-33

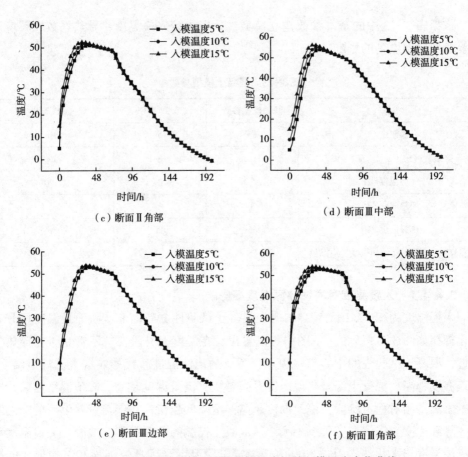

图3-33　混凝土试验柱2不同位置温度场随入模温度变化曲线

3.4.4.2　导热系数对内埋热源温度场影响

导热系数分别为 8kJ/（m·h·K）、10kJ/（m·h·K）、12kJ/（m·h·K）时，混凝土试验柱2断面Ⅱ、断面Ⅲ温度场分布变化规律如图3-34所示。从图中可以看出，无论监测点是否在伴热带附近，导热系数对温度场的影响都表现为，在升温阶段，导热系数越大升温速率越大，峰值点温度越高；在温度相对稳定阶段，混凝土断面的边部和角部降温速率随导热系数增大而有所加大；在伴热带停电降温阶段，导热系数越大降温速率越大。导热系数是表征材料导热性能的重要参数，同等条件下，导热系数越大意味着热量交换越多。

3.4.4.3　环境温度对内埋热源温度场影响

环境温度为-20℃、-10℃、0℃时，混凝土柱2断面Ⅱ、断面Ⅲ温度场分布变化规律如图3-35所示。

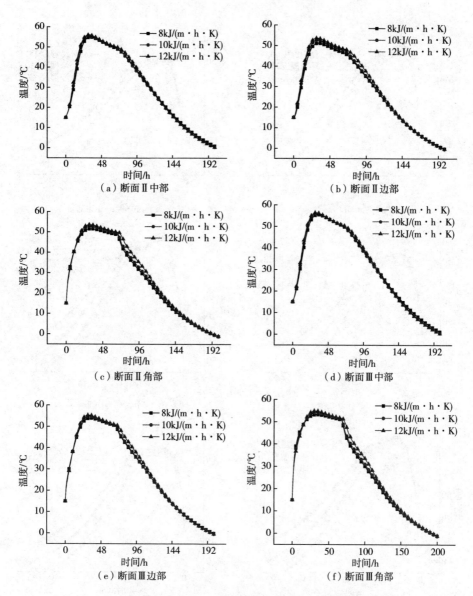

图 3-34　混凝土试验柱 2 不同位置温度场随导热系数变化曲线

　　从图中可以看出，无论监测点是否在伴热带附近，环境温度对温度场的影响均表现为，在升温阶段，环境温度越低升温速率越小，温度峰值点越低；在相对稳定阶段，混凝土各点降温速率随环境温度降低而减小；在停电后降温阶段，环境温度越低降温速率越大，特别是在角点，在伴热带停电时刻温度骤降。基于热力学第一定律，对一个瞬间，储存在控制容积中的热量和机械能速率增大的值，必定等于进入控制容积的热能和

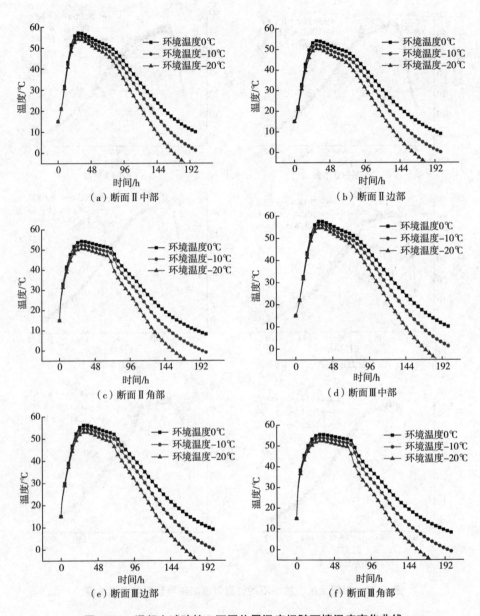

图 3-35 混凝土试验柱 2 不同位置温度场随环境温度变化曲线

机械能速率减去离开控制容积的热能和机械能速率，再加上控制容积内产生的热能速率。因此对于内埋伴热带冬季养护混凝土构件来说，需要考虑表面的对流和辐射换热。

3.4.4.4 加热时间对内埋热源温度场影响

加热时间为 1 天、3 天、7 天时，混凝土试验柱 2 断面 Ⅱ、断面 Ⅲ 温度场分布变化规律如图 3-36 所示。从图中可以看出，在升温阶段，加热时间对温度场没有影响；在温度相对稳定阶段，混凝土各点的降温曲线随加热时间的增加呈现出波浪状下降趋势；在伴热带停电后的降温阶段，加热时间越长降温速率越大，特别是角点，在伴热带停电时刻温度骤降。

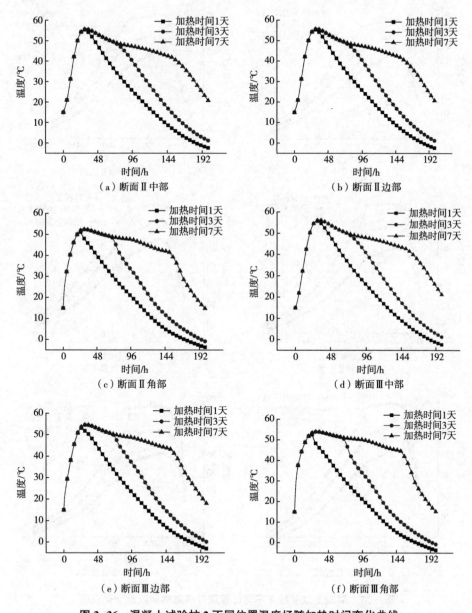

图 3-36　混凝土试验柱 2 不同位置温度场随加热时间变化曲线

3.4.4.5 热源温度对内埋热源温度场影响

热源温度分别为45℃、65℃、85℃时，混凝土试验柱2断面Ⅱ、断面Ⅲ温度场分布变化规律如图3-37所示。

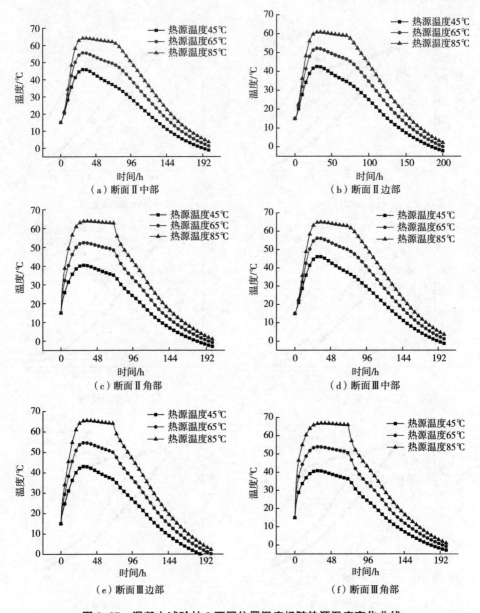

图3-37 混凝土试验柱2不同位置温度场随热源温度变化曲线

从图中可以看出，无论监测点是否在伴热带附近，热源温度对温度场的影响都表现为，在升温阶段，热源温度越高升温速率越大峰值点温度越高；在温度相对稳定阶段，可以明显地看出热源温度越高，水化进程较快，在水化接近完全后，由于高温伴热带的作用，稳定阶段温度会更加稳定，混凝土各点的降温速率随热源温度升高而减小；在伴热带停电后的降温阶段，热源温度越高降温速率越大，特别是角点，在伴热带停电时刻温度骤降。对于以伴热带作为养护热源的混凝土构件来说，伴热带与水泥水化一起为混凝土温升提供热量，特别是水化放热接近完成后，主要依靠伴热带来维持相对稳定阶段的温度平稳。

3.4.4.6 表面放热系数对内埋热源温度场影响

表面等效放热系数分别为 $10kJ/(m^2 \cdot h \cdot K)$、$15kJ/(m^2 \cdot h \cdot K)$、$20kJ/(m^2 \cdot h \cdot K)$ 时，混凝土试验柱2断面Ⅱ、断面Ⅲ温度场分布变化规律如图3-38所示。从图中可以看出，无论监测点是否在伴热带附近，等效放热系数对温度场的影响都表现为，在升温阶段，等效放热系数越小，升温速率越大，峰值点温度越高；在温度相对稳定阶段，可以明显地看出等效放热系数越小，水化进程较快，在水化接近完全后，由于表面放热量少，稳定阶段温度会更加稳定，各点的降温速率更小；在伴热带停电后的降温阶段，等效放热系数越小，各点降温速率越小。等效放热系数表征试件表面附有模板或保温层时，对混凝土温度场的影响。根据公式（2.15），$d = \lambda / \beta_s$，即因保温层作用，假设混凝土的真实边界向外延伸出 d，在虚拟边界上温度等于环境温度，而在厚度 d 处温度等于混凝土表面实际温度，这样表面放热系数越大，d 越小，混凝土实际表面温度与环境温度越接近。

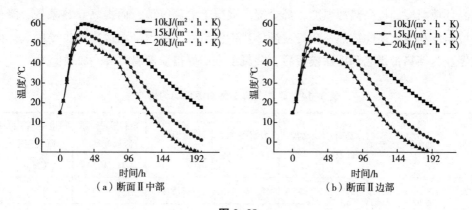

（a）断面Ⅱ中部　　　　　　　　（b）断面Ⅱ边部

图3-38

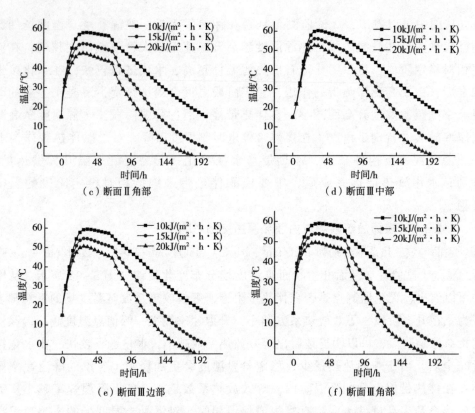

图 3-38 混凝土试验柱 2 不同位置温度场随表面放热系数变化曲线

综合以上研究结果，以混凝土试验柱 2 断面Ⅲ边部温度变化为例，见表 3-14，以表中基础参数数值建立简化模型，比较改变相关参数数值对混凝土温度场的影响。从表 3-14 中可以看出，提高入模温度、增大导热系数、减小表面放热系数、提高环境温度、提高热源温度，都会提高混凝土温度峰值，而提高导热系数、降低环境温度和增大表面放热系数是提高伴热带停电后混凝土降温速率的主要因素。因此停止为伴热带供电和拆除模板后，混凝土表面要覆盖保温材料，加强保温。

表 3-14 改变关键参数对温度场的影响

参数	基础参数	比较参数	升温速率/ ($°C \cdot h^{-1}$)	峰值温度/ $°C$	相对稳定阶段 降温速率/ ($°C \cdot h^{-1}$)	停电时刻混凝土 降温速率/ ($°C \cdot h^{-1}$)
入模温度/$°C$	10	5	—	-0.91	—	—
		15	—	+1.34	—	—

参数	基础参数	比较参数	升温速率/($℃·h^{-1}$)	峰值温度/℃	相对稳定阶段降温速率/($℃·h^{-1}$)	停电时刻混凝土降温速率/($℃·h^{-1}$)
导热系数/($kJ·m^{-1}·h^{-1}·K^{-1}$)	10	8	−0.1	−1.2	−0.06	−0.61
		12	+0.03	+1	—	+0.12
环境温度/℃	−10	0	—	+1.64	—	−0.1
		−20	—	−1.63	—	+0.72
加热时间/天	3	1	—	—	—	−0.3
		7	—	—	—	+0.3
热源温度/℃	65	45	−0.35	−13.21	+0.07	−0.08
		85	+0.17	+12.83	−0.09	+0.08
表面放热系数/($kJ·m^{-2}·h^{-1}·K^{-1}$)	15	10	+0.16	+5.07	−0.05	−0.11
		20	−0.15	−4.34	+0.02	+0.62

注　表中"—"代表改变量微小，数量小于 0.01。

3.5　试验柱及同条件养护试验块冻融循环及抗压强度试验

3.5.1　混凝土试验柱抗压强度试验

采用回弹法对 28 天混凝土试验柱 1 和试验 2 南北两侧表面进行检测结果如图 3-39 所示，由图可知，混凝土试验柱强度较均匀，均达到设计要求，底部强度略高于上部，伴热带处混凝土强度与其他强度没有表现出显著的不同。

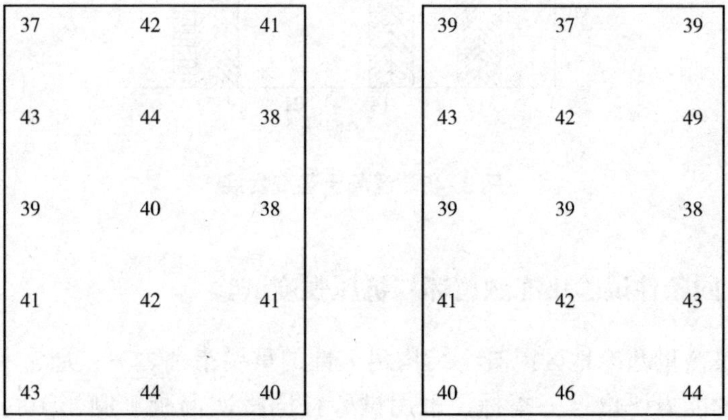

37	42	41
43	44	38
39	40	38
41	42	41
43	44	40

39	37	39
43	42	49
39	39	38
41	42	43
40	46	44

（a）试验柱 1 南侧回弹法强度结果　　　　（b）试验柱 1 北侧回弹法强度结果

图 3-39

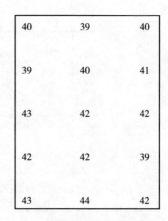

42	40	41
38	40	40
42	41	43
41	38	42
43	42	44

40	39	40
39	40	41
43	42	42
42	42	39
43	44	42

（c）试验柱2南侧回弹法强度结果　　　　　（d）试验柱2北侧回弹法强度结果

图 3-39　回弹法测 28 天混凝土试验柱强度

采用回弹法和钻芯法对混凝土试验柱 2 进行抗压强度试验结果如图 3-40 所示，可知混凝土强度高于设计时间到达强度。

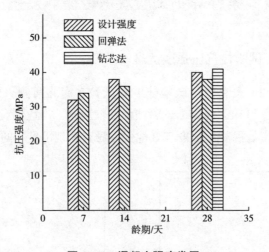

图 3-40　混凝土强度发展

3.5.2　同条件试验块冻融循环与抗压强度试验

抗冻性是衡量寒冷地区混凝土结构耐久性的重要指标之一，通常利用混凝土抵抗冻融循环的能力评价这一指标。采用试验柱同批次混凝土制作 100mm×100mm×100mm 试验块，分别采用混凝土试验柱同条件养护（相同混凝土内环境设计方法确定伴热带长度，相同保温层材料，相同室外环境温度，如图 3-2 所示。）和标准养护室两种制度进行养护，龄期 28 天后，分别取出进行抗压强度试验和冻融循环试验。

试验结果见表 3-15，从表中可以看到，随着冻融次数的增加，混凝土强度依次减小，质量损失依次增大。100 次冻融循环时标准养护试验块质量损失达到试验块质量的 0.6%，同条件养护试验块质量损失达到试验块质量的 0.4%，试验件的平均质量在 2500g 左右，所有试验件质量损失均小于试验块 5% 的质量。因此，可知同条件养护制度下混凝土的抗冻性非常良好。

表 3-15　冻融循环前后不同养护制度混凝土试验块情况

养护制度	冻融循环次数	质量损失/g	抗压强度/MPa
同条件养护	0	0	41
	25	2.4	40.5
	50	5.1	39.8
	100	11	39.2
标准养护室养护	0	0	43
	25	3.4	42.2
	50	7.2	41.5
	100	14.3	41

3.6　小结

本章进行了内埋热源混凝土柱冬季室外试验，采用数值模拟方法研究关键参数对温度场的影响，得出如下结论：

（1）通过混凝土试验柱实时监测，得到了试验柱内部温度变化分布的大致规律。受伴热带影响，水化基本结束后温度总体缓慢下降，速度在 0.12~0.18℃/h；混凝土表层温度高于中心温度，但两者温差较小，在 4℃ 以内；伴热带停电时，伴热带附近区域混凝土降温梯度高于其他混凝土表面。

（2）基于等效龄期、水化度概念采用多物理场耦合数值分析软件 COMSOLmultiphysics 对内埋热源混凝土柱温度场进行数值分析，得到了温度随时间的分布变化规律，并与试验值进行了对比，研究表明模拟结果吻合程度很好。

（3）基于改进的非稳态控温方程和试验结果建立数值模型，分析温度场分布变化规律，发现提高入模温度、增大导热系数、减小表面放热系数、提高环境温度、提高热源温度都将提高混凝土温度峰值，其中提高热源温度作用最为显著；而提高导热系数、降低环境温度和增大表面放热系数是提高伴热带停电后混凝土降温速率的主要因素。因此停止为伴热带供电和拆除模板后，混凝土表面要覆盖保温材料，加强保温。

（4）开展强度和冻融循环试验，揭示了混凝土强度分布变化规律。研究表明混凝土试验柱强度较均匀，均达到设计要求，底部强度略高于上部，伴热带处混凝土强度与其他强度没有表现出显著的不同。表明该方法养护混凝土的抗冻性非常良好。

第4章 内埋热源早龄期混凝土水分迁移试验

混凝土生命周期的各个阶段都可以发现不同形式的水分[133-135]，包括毛细管水、水蒸气、吸附水、不可蒸发（化学结合）水。水分在混凝土内传输机制主要有扩散、渗透以及吸附等[136-137]。混凝土早期内部水分和能量转移主要受到水泥水化、环境、混凝土温度等因素的影响[138-141]。拆除模板之前，早龄期混凝土处于密闭条件，认为与环境之间没有水分交换，相对湿度的分布在早期主要受到自干燥的影响[142]。当混凝土中存在温度梯度时，热量使水分从高温区向低温区迁移，这是因为高温区水和空气界面上的表面张力增大，引起水吸力增高，导致非饱和混凝土中水从吸力低处流向吸力高处，从高温区流向低温区。气态水的迁移则是由于温度影响混凝土中空气的密度和压力，温度越高，空气压力越大，两端空气压力差产生驱动作用，导致空气由高温区向低温区移动。此外，随着混凝土温度升高，混凝土扩散系数增加，水分迁移到指定距离所需要的时间变短，水分再分布的速度增大，混凝土含水量变少。因此，对于拆模前研究早龄期混凝土内湿度场的分布变化规律，要充分考虑水泥水化消耗水分、湿度梯度驱动、内部温度梯度存在对混凝土内部水分形式改变和水分迁移的影响。

为明确内埋热源混凝土水分传输机制，设计了内埋热源早龄期混凝土水分迁移试验，针对不同埋置深度伴热带试验块，采用含水率测试仪直接检测试验块表面，测量混凝土从浇筑开始到7天龄期，不同位置含水率发展及响应规律；设计水化自干燥试验，测量不同混凝土内环境温度对混凝土自干燥时间、相对湿度的影响；依据传质机理，设计索瑞特试验，采用自动温湿度记录仪直接测量混凝土湿度改变，比较空间温度梯度和温度随时间改变对混凝土相对湿度的影响。

4.1 早龄期混凝土水分迁移动力

对于拆模前，研究早龄期混凝土湿度场分布变化特性，要考虑水泥水化消耗水分、湿度梯度及内部温度梯度引起的混凝土内部水分形式改变和水分迁移，因此主要从以下几个方面进行分析研究。

4.1.1 水泥水化自干燥

水泥水化将消耗水分，引起混凝土湿度（含水量）下降，称为自干燥。研究人员在保证试验的绝湿条件下，进行混凝土自干燥试验。Oh[143] 根据一系列混凝土自干燥试验，提出早龄期混凝土自干燥模型：

$$\frac{\partial H}{\partial \alpha} = \frac{S(H_{s,\,max} - 1)}{\alpha_{28}} \left(\frac{\alpha}{\alpha_{28}} \right)^{s-1} \tag{4.1}$$

式中：$H_{s,\,max}$ 为绝湿条件下，早龄期混凝土水化完成时的相对湿度；α_{28} 为养护 28 天时混凝土水化度；S 为与水灰比有关的材料系数。

张君、高原等[144] 根据混凝土湿度下降特征，对 Oh 提出的模型进行修正，提出了水泥水化消耗水分引发的湿度下降预测模型：

$$H_s = \begin{cases} 0 & \alpha \geqslant \alpha_c \\ (1 - H_{s,\,u}) \left(\dfrac{\alpha - \alpha_c}{\alpha_u - \alpha_c} \right)^{\beta_H} & \alpha < \alpha_c \end{cases} \tag{4.2}$$

式中：H_s 为水泥水化引起的混凝土内部相对湿度下降值（%）；α 为水化度；$H_{s,\,u}$ 为水泥水化达到最终水化度 α_u 时，混凝土内部最低相对湿度值；α_c 为临界水化度，根据湿度下降两阶段特征，存在湿度饱和期和湿度下降期的拐点；β_H 为曲线形状参数。

4.1.2　湿度和压力梯度驱动

扩散引起的传热与传质的物理机制是相同的，因此相应的速率方程具有相同的形式。根据质量扩散速率方程 Fick 定律，对于混凝土内水分传输来说，可用矢量的形式表示：

$$Q_A = - D\mathrm{grad}P \tag{4.3}$$

式中：Q_A 为水分的扩散质量流密度，它是单位时间内水分通过与传输方向垂直单位面积的量，它与湿度扩散系数 D 成正比，与 $\mathrm{grad}P$ 成正比；grad 为梯度算子；P 为驱动力，可以用孔隙压力、相对湿度、含水率等表征。

$\mathrm{grad}P$ 对水蒸气扩散的作用方向始终朝着浓度梯度的反方向，即水分从浓度高处向浓度低处扩散。

4.1.3　温度梯度驱动（索瑞特效应）

索瑞特效应（Soret effect）是热附加扩散效应，是由温度梯度引起的传质。与 Fick 扩散相比，索瑞特效应属于二级效应，当温度梯度和浓度梯度较大时，纯流体中的索瑞特效应对封闭腔体内传质通量的影响可达 10%～15%[145]。文献[146-147] 对热湿交叉效应忽略不计，但水分子是电负性很大的极性分子，不能以任意比例混溶于空气，与文献所研究的可无限混溶的电负性很小或非极性的混合气体的模型应区别对待[148]。因此，研究多孔介质封闭腔体内传质问题时，索瑞特效应不可忽略。

由索瑞特效应可知，温度梯度引起的水分迁移由两部分组成，一部分为由温度梯度引起孔隙内气体持水能力的改变而引起的气态水迁移；另一部分为由温度梯度引起的毛细势梯度改变引起的液态水迁移。根据非平衡态热力学理论，当非平衡体系同时发生 n 种不可逆过程时，n 种热力学力 X_i （$i=1$，2，$\cdots$，n）和 n 种相应的热力学流 Q_i （$i=1$，2，$\cdots$，n）之间有以下关系：

$$Q_i = \sum_j \frac{\partial Q_i}{\partial X_j} X_j + \frac{1}{2} \sum_{j,k} \frac{\partial^2 Q_i}{\partial X_j \partial X_k} x_j X_k + \cdots \tag{4.4}$$

当体系处于近平衡态线性区的时候，可略去高次项，即：

$$Q_i = \sum_j \frac{\partial Q_i}{\partial X_j} X_j = \sum_j L_{ij} X_i \tag{4.5}$$

从式（4.5）可以得到，当存在多个不可逆过程时，不可逆过程之间可以发生耦合。由居里原理可知，空气中的热、湿流和它们所对应的热力学力存在交叉效应，因此当体系中无其他热力学力时，热、湿耦合方程为：

$$Q_{热} = L_{11} X_{热} + L_{12} X_{扩散} \tag{4.6}$$

$$Q_{扩散} = L_{21} X_{热} + L_{22} X_{扩散} \tag{4.7}$$

式中：$L_{11} X_{热}$ 为由温度梯度引起的热流（Fouriet 热流）；$L_{12} X_{扩散}$ 为密度梯度引起的热流（Dufour 扩散流）；$L_{21} X_{热}$ 为温度梯度引起的湿度流（Soret 热扩散流）；$L_{22} X_{扩散}$ 为由密度梯度引起的湿流（Fick 扩散流）。

改写为具体形式，对热湿传递而言，得：

$$Q_{\mathrm{T}} = -\lambda \operatorname{grad} T - K_{\mathrm{C}} \operatorname{grad} C \tag{4.8}$$

$$Q_{\mathrm{D}} = -D_{\mathrm{T}} \operatorname{grad} T - D \operatorname{grad} C \tag{4.9}$$

式中：Q_{T} 为热流密度（W/m²）；Q_{D} 为湿流密度 [g/(m² · h)]；$\operatorname{grad} T$ 为温度梯度（K/m）；$\operatorname{grad} C$ 为水分密度梯度（g/m⁴），也可以是相对湿度或含水率梯度；λ 为导热系数 [W/(m · K)]；D 为水分扩散系数（m²/h），K_{C} 为质导热系数（W · m²/g）；D_{T} 为热导质系数 [g/(m · K · h)]。

对于含水率和水化度固定的混凝土，当温度场与湿度场反复耦合多次后，两者都将达到相对稳定的状态，且密闭状态的试件不与环境交换水分，则：

$$-D_{\mathrm{T}} \operatorname{grad} T - D \operatorname{grad} C = 0 \tag{4.10}$$

根据这一特点，可以求得：

$$D_{\mathrm{T}} = -\frac{D \operatorname{grad} C}{\operatorname{grad} T} = \eta D \tag{4.11}$$

式中：$\mathrm{grad}C$ 与 $\mathrm{grad}T$ 都可以通过试验求得；$\eta = -\dfrac{\mathrm{grad}C}{\mathrm{grad}T}$。

4.2　内埋热源早龄期混凝土水分分布试验

水分在混凝土中有气态和液态两种存在形式，在水化过程中相互转化，液态水通常被认为以液态水膜形式吸附在混凝土孔隙壁上，气态水则被认为以水蒸气的形式存在孔隙内。事实上，由于水化程度不同，对混凝土中水分的存在形式和水分分布很难判定，现有相关检测技术主要通过相对湿度、含水率等参数表征混凝土含水量。

4.2.1　试验概况

4.2.1.1　混凝土配合比
所有试验均采用第 3 章表 3-1 混凝土配合比。

4.2.1.2　试验设计
通过自制装置进行集中放热材料（自限温伴热带）作用下混凝土水分迁移试验，如图 4-1 所示。采用高精度的温湿度传感器和混凝土含水率测试仪，直接测量混凝土从浇筑开始到 7 天龄期，将试验块表面不同位置处的含水率发展及响应规律，与未加伴热带的普通混凝土比较。

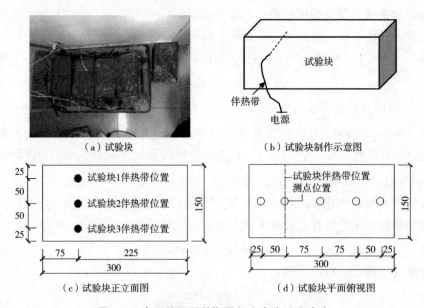

（a）试验块　　　　　　　　　（b）试验块制作示意图

（c）试验块正立面图　　　　　（d）试验块平面俯视图

图 4-1　内埋热源早龄期混凝土水分迁移试验

4.2.1.3　测试系统及方法

混凝土试验块 150mm×150mm×300mm，4 块，置于温度为（20±3）℃、湿度（30±5）%条件下，试验块一侧埋入 ZRDXW/J 型自限温低温基本型伴热带，如图 4-1 所示。

试验中伴热带功率为 25W/L，1 号试验块的伴热带埋置深度为 25mm；2 号试验块的伴热带埋置深度为 75mm；3 号试验块的伴热带埋置深度为 125mm，4 号为无伴热带对比块。试验块在试验过程不拆模，上表面包保鲜膜，保证试件绝湿，伴热带加热持续 7 天。在到达设计检测龄期时，掀开表面塑料膜用含水率测试仪进行检测，测试过程每点检测 3 次，取平均值。

采用青岛拓科有限公司的 MS300 感应式水分仪（图 4-2）测试试验块含水率，该设备采用高周波原理（电磁波感应原理），即该仪器内有一个固有频率，被测物水分不同，通过传感器传进机内的频率就不同，比较两频率之差，经过频率电流转换器转换成数字显示。该测试仪能测量物体深度为 60mm，可通过简单接触瞬时读数，不损坏物体表面，水分测量范围为 0~80%，精确度为±0.5%。

图 4-2　MS300 感应式水分仪

4.2.2　试验结果

通过对比龄期 12h、3 天、7 天试验块表面含水率变化曲线（图 4-3），从图中可以看出，1 号与 2 号试验块表面含水率曲线表现为勺型；3 号、4 号试验块表面含水率曲线基本表现为 V 形，1 号、2 号试验块伴热带分别距表面 25mm、75mm，受伴热带高温加速水泥自干燥影响，曲线含水率最低点在伴热带上部。1 号试验块含水率最低点 12h 达到 6.7%，3 天达到 6.1%，7 天达到 4.3%。3 号试验块伴热带埋置深度为距表面 125mm 处伴热带加温区域有限，曲线含水率最低点在表面中间部位，因此，相较于 1 号、2 号试验块，伴热带对混凝土表面含水率的影响并不明显。4 号试验块未埋置伴热带，混凝土中心是温度最高点，也是水化最快的部位，因此试验块表面中心位置含水率最低，4 号含水率最低点 12h 达到 13%，3 天达到 9.2%，7 天达到 7.2%。

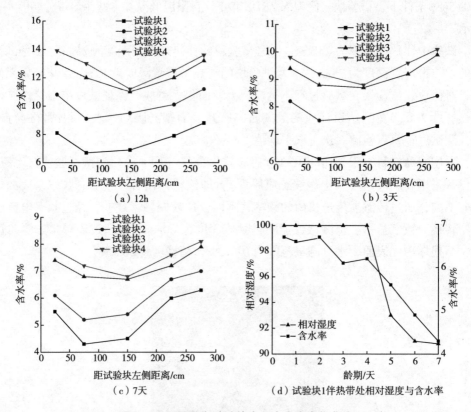

图 4-3　不同龄期试验块表面含水率变化曲线

　　由于试验块表面检测时不能完全做到绝湿，混凝土表面与环境存在湿度交换，因此试验块与试模接近部位由于四周绝湿，且水化相对中心较慢，含水率高。以 1 号和 4 号试验块为例，1 号远离伴热带端的试验块与试模接近部位含水率 12h 达到 8.8%，3 天达到 7.3%，7 天达到 7%；4 号试验块与试模接近部位含水率 12h 达到 13.9%，3 天达到 10.1%，7 天达到 8.1%。此外，由于伴热带的作用，1 号、2 号试验块，与伴热带最近一侧试模位置含水率相对于另一侧含水率要明显小得多，以 1 号为例，试验块两端与试模接近部位含水率差值 12h 时达到 0.7%，3 天达到 1.2%，7 天达到 0.8%。因此试验件表面含水率曲线表现为勺形。

　　在该组试件试验前，与该组相同伴热带设计的混凝土试验块检测点上，埋设温湿度传感器（埋置深度 25mm），采集龄期 7 天内相对湿度的变化，除 1 号试验块伴热处监测点检测到有相对湿度变化，如图 4-3（d）所示，其他点以及其他试验块在埋置深度 25mm，7 天内相对湿度均未检测到变化。当龄期达到 20 天左右时，各点相对湿度开始逐渐降低，28 天时相对湿度基本稳定在 74%左右。1 号试验块伴热带的埋置深度 25mm，相对于其他试验块埋置较浅，伴热带温度在 65℃左右，该处水泥水化作用较明显，而且，由于温度梯度的作用加速了水分迁移。此外，混凝土试验块表面附着保鲜膜不能做到完全绝湿，因此该处相对湿度在短期内检测到变化量。基于以上原因，在水分迁移试验中采用感应式水分仪通过含水率来表征内埋热源混凝土水分迁移变化与规律，没有采用相对湿度的表征方法。

4.3　水化自干燥试验

4.3.1　试验概况

水泥在密闭条件下的水化不受混凝土尺寸变化的影响[142]。设计试验内容包括，在塑料模具内浇筑 φ100mm×50mm 混凝土试验块，3 块，浇筑过程中埋入弹性胶管，埋置深度为 25mm，混凝土浇筑完毕后立即将温湿度传感器插入胶管内，传感器埋置深度为 25mm，胶管弹力可以很好地包裹住传感器，使采集湿度不与环境湿度混淆试验如图 4-4 所示。

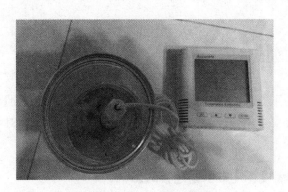

图 4-4　水化自干燥试验

采用塑料薄膜封闭试验块表面后，将其放入恒温水浴内，水浴内水要超过混凝土表面，模具口处环境相对湿度小于 40%，水浴温度分别设置为 65℃、45℃以及在水浴外环境温度 20℃下，共计三组试验，分别养护 7 天。温湿度监测采用妙昕 TH20R 型自动温湿度记录仪，测量范围：外置探头−40~85℃，相对湿度 0~100%；测量精度：温度±0.3℃，相对湿度±3%。

4.3.2 试验结果

通过对比 20℃、45℃、65℃养护条件下试验块相对湿度变化曲线（图 4-5），从图中可以看出，65℃养护条件下，浇筑 26h 后，相对湿度开始下降，此前一直为100%，浇筑 54h 后，相对湿度达到 81%后，基本停止下降；45℃养护条件下，浇筑 56h 后，相对湿度开始下降，此前一直为 100%，浇筑 124h 后，相对湿度达到83%后，基本停止下降；20℃养护条件养护 7 天，水化自干燥速度相对其他温度养护较慢，因此未见相对湿度下降，一直为 100%。

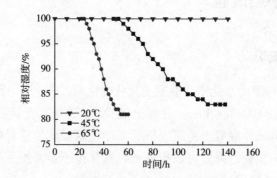

图 4-5　不同恒温养护条件试验块相对湿度变化曲线

4.4　索瑞特效应试验

由索瑞特效应可知，温度梯度引起水分迁移，可从两个方面设计索瑞特效应试验，研究温度梯度引起的传质。一方面研究空间上的温度梯度对水分的迁移作用，另一方面研究时间上温度变化率对混凝土内相对湿度的影响。

4.4.1　空间温度梯度对水分迁移的影响

4.4.1.1　试验概况

试验原理：基于公式（4.11），该试验设计内容包括，采用混凝土试验块 2 块，尺寸 100mm×100mm×100mm，将其养护 90 天后，为不影响混凝土性状[149]，在60℃烘干至恒重，将试验块放入养护室（湿度 95%以上）获得含水率分别为 7.6%和 12.9%的试验块，将试验块四周抹上清漆，使其与外界在试验过程中不发生湿度交换，四周包绝热材料减少热量损失，上下表面未包绝热材料，放置于恒温水浴锅上（图 4-6）。定期采用 MS300 感应式水分仪和华盛昌（CEM）红外线测温仪（图

4-7），测量试验块上下表面含水率和温度变化。以试验块养护室取出后水分分布为初始条件，假定试验块在试验过程中与外界没有湿交换，取出后在湿度为（30±3）%、室温（20±3）℃环境下检测，每20min检测一次。华盛昌（CEM）红外线测温仪，量程为-50~550℃（-58~1022℉）；分辨率：0.1℃；仪表能自动补偿环境温度变化时引起的误差。

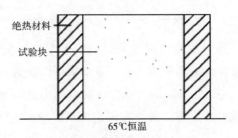

图4-6 试验系统

图4-7 测温仪

4.4.1.2 试验结果

对两组含水率试验块进行检测，获得试验块上下表面温度和含水率，见表4-1和表4-2。

表4-1 含水率7.6%试验块的试验结果

时间/min	T_1/℃	W_1/%	T_2/℃	W_2/%
0	20	7.6	20	7.6
20	65	7.8	26	8.1
40	65	7.5	32	8.4
60	65	7.4	36	8.6

表 4-2　含水率 12.9%试验块的试验结果

时间/min	T_1/℃	W_1/%	T_2/℃	W/%
0	20	12.9	20	12.9
20	65	13.2	27	13.5
40	65	12.8	33	13.9
60	65	12.5	39	14.3

从表中可以看出，两组试验块底部高温处含水率均呈先上升后下降的变化特点，试验块上部低温处含水率则持续上升，该结果可以认为，测试系统内部的水分与外界环境做到绝湿。在第 20min 时，试验块底部高温处含水率高于初始状态。根据文献[150] 可以认为试验块底部混凝土在恒定含水量和水化度条件下，受温度（由 20℃上升到 65℃）影响，孔隙内部饱和蒸汽压发生变化，使相对湿度升高，而当底部温度恒定时，这种由于饱和蒸汽压发生变化而引起的湿度变化将不再发生。随后的时间里，由于温度梯度的作用，水分由高温处向低温区域传递，试验块底部含水率持续降低。

此外，根据公式（4.11）可得，含水率为 7.6%试验块的热导质系数 D_T 为 $4.14×10^{-4}D$；含水率为 12.9%试验块的热导质系数 D_T 为 $6.92×10^{-4}D$。可知热导质系数 D_T 与水分扩散系数 D 相差 4 个数量级。

比较试验块上下表面含水率差值，如图 4-8 所示，从图中可以看出，随时间的增加，差值不断提高，但提高速率不断减小。同时，比较高含水率试验块与低含水率试验块上下表面含水率差值，可以看出，高含水率试验块受到温度梯度的影响较低含水率试验块明显，两者相差 0.6%。

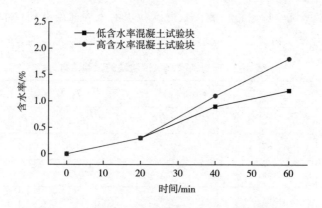

图 4-8　不同含水率试验块水分迁移变化比较

4.4.2　温度变化率对相对湿度的影响

4.4.2.1　试验概况

试验原理：混凝土作为多孔介质，其孔隙非常小，水蒸气扩散迁移速度很慢，由 4.4.1 节试验结果可知，混凝土热导质系数是水分扩散系数的 $10^{-3} \sim 10^{-4}$ 倍。有研究认为[150]，温度变化通过影响饱和蒸汽压来间接影响混凝土孔隙内相对湿度，因此，可以认为混凝土孔隙中的水蒸气压力仅由该时刻温度下的水蒸气的饱和压力确定。

该试验设计内容包括，利用水化自干燥试验 45℃ 养护的 6 块试验块，在其龄期达到 90 天，初始相对湿度分别为 45.1%、56%、62.7%、67%、77%、86%。将试验块表面涂刷清漆干燥后外加保鲜膜封闭做到绝湿，放入 65℃ 水浴中加热 1h 后，取出放置室温（23±2）℃ 环境下自然冷却 1h，水浴内水要超过混凝土表面，模具口处环境相对湿度小于 40%，通过妙昕 TH20R 型自动温湿度记录仪记录相对湿度变化，采集频率每 20min1 次。

4.4.2.2　试验结果

温度改变对本地相对湿度的影响，如图 4-9 所示，从图中可以看出，整个混凝土内温度、湿度随时间的变化过程大致分为两个阶段：升高阶段、降低阶段。

升温阶段：完全绝湿试验块随温度升高相对湿度快速升高，但随时间的发展，温度升高速率逐渐减小，相对湿度升高速率逐渐减小。

降温阶段：相对湿度随温度的减小而降低，随时间的发展，降温速度逐渐减小，相对湿度降低速率逐渐减小。

对比升温阶段和降温阶段相对湿度改变量，可以明显地看出，第一，相同时间，升温阶段相对湿度升高值要大于降温阶段相对湿度降低值；第二，相对湿度表现为升温和降温初期变化速率大，随时间的增加，相对湿度的变化速率逐渐减小；这两点可以解释为墨水瓶效应，即在混凝土的孔隙中存在墨水瓶孔，它的存在使得与小孔连接的大空隙空腔内的水分不易向外扩散而容易被填充。第三，与相对湿度变化速率的发展规律相对应，混凝土的温度变化也表现为升温和降温初期变化速率大，随着升温和降温时间的增加而减小。

由以上试验结果可以看出，温度变化导致混凝土内部相对湿度的周期性改变。当不与外界发生传质交换也没有水泥水化作用时，混凝土内部温度变化是导致其相对湿度变化的原因。

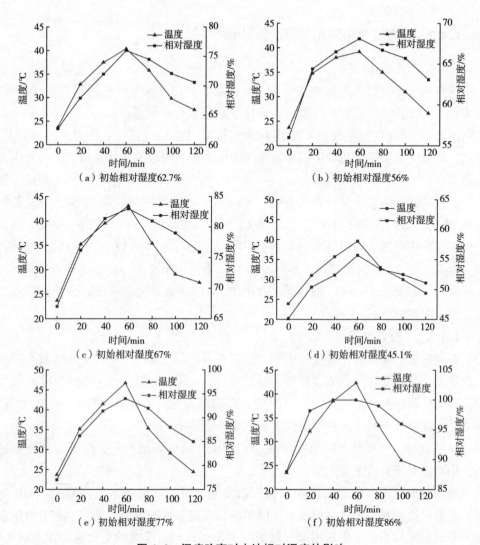

图 4-9　温度改变对本地相对湿度的影响

4.5　等温吸附曲线试验

4.5.1　试验概况

等温吸附曲线采用盐溶液法，即在（20±3）℃环境温度下将选择的盐配成饱和溶液放入容器中，见表 4-3。采用切割机将混凝土试验柱 2 同条件养护 7 天的混凝土立方体试验块（100mm×100mm×100mm）切成 2~3mm 薄片，每组 3 个，放入烘箱105℃烘干至恒重后，放入装有饱和盐溶液的容器中，不与溶液接触，封闭容器，将其置于沈阳建筑大学材料实验室恒温恒湿室（环境温度20℃，相对湿度90%）；一定时间后，待容器内空气湿度与混凝土中含水率达到平衡，称重混凝土薄片并取平均值。试验发现120天左右试验块含水率基本达到平衡。根据饱和度公式（4.12）计算试验块饱和度。

$$S_r = \frac{m - m_{\mathrm{dry}}}{m_{\mathrm{sat}} - m_{\mathrm{dry}}} \tag{4.12}$$

式中：m_{sat} 为混凝土饱和时质量（kg）；m 为相对湿度为 H 时的混凝土质量（kg）；m_{dry} 为混凝土干燥时质量（kg）。

表4-3 饱和盐溶液

饱和盐溶液	K₂SO₄	KCl	NaCl	NaCO₃	MgCl₂
相对湿度/%	15.1	28.4	51	68	91

4.5.2 试验结果

通过盐溶液法获得随相对湿度变化的饱和度数值，见表4-4。该试验结果用于5.3.1节标定含水率与相对湿度换算模型参数。

表4-4 饱和度随相对湿度变化

相对湿度/%	15.1	28.4	51	68	91	99
饱和度/%	33	50	65	72	90	98

4.6 小结

本章基于水分在混凝土内部的传输机制，设计开展了内埋热源混凝土水分迁移试验、水化自干燥试验、索瑞特效应试验等。得出如下结论：

（1）基于内埋热源混凝土水分迁移试验，研究热源对构件表面含水率分布变化的影响，得到龄期3天内，伴热带埋置深度小于75mm将显著影响构件表面含水率。

（2）通过混凝土水化自干燥试验，研究了混凝土内环境温度对相对湿度变化的影响规律，研究发现当混凝土配合比相同，提高混凝土养护温度可有效缩短相对湿度开始减小时间。水化结束后，当不与外部进行传质交换及不改变养护温度时，相对湿度基本不发生变化。

（3）通过索瑞特效应试验，比较空间温度梯度和温度变化率对水分迁移的影响，研究指出空间温度梯度对水分的驱动极其微小，而相对湿度随温度变化非常显著。

第5章　内埋热源早龄期混凝土湿度分布

不同形式水的传输机制原则上应该通过单独的扩散方程来独立建立数学模型，因为每一个单一的机制都有其自身的驱动力（毛细水的驱动力为毛细管压力，水汽的驱动力为蒸汽压力等）。但水分驱动现象的复杂性妨碍了这种方法的发展，该方法通常需要假设存在局部热力学平衡[65-70]来简化问题，如 Gawin 等[65] 采用两个扩散方程对水汽的迁移和毛细管吸附水的迁移进行建模。尽管这种方法确实对水分运输机制的描述更加具体，但增加了描述水分迁移模型的复杂性，带来更多的材料参数，而且没有更精确的预测水分迁移[10]。

因此，本章基于广泛受到认可的非平衡态热力学理论、质量守恒原理与 Fick 定律，充分考虑内埋热源作用下温度梯度对湿度场作用机制，开展内埋热源早龄期混凝土水分运动数学模型研究；基于第 4 章相关试验结果标定模型重要参数；考虑温度变化趋势，提出两阶段湿热系数 k 的数学计算模型；采用数值模拟方法，基于提出的非稳态温度场控制方程和混凝土水分运动方程，进行湿温度耦合计算，分析内埋热源混凝土湿度场分布特征。

5.1　水分运动方程的推导

根据质量守恒原理、非平衡态热力学理论与 Fick 定律建立混凝土水分运动控制方程。在混凝土内任取一点 (x, y, z)，以该点为中心定义一个无限小的平行六面体 $dxdydz$，如图 5-1 所示。由于可蒸发水存在浓度梯度，扩散将导致 Δt 时间内，可蒸发水通过控制表面的每个表面传输，因此，相对于静止坐标，垂直于坐标位置分别为 x、y、z 的相对控制表面的可蒸发水变化量分别由式（5.1）~ 式（5.3）表述。

每个相对控制面的可蒸发水变化量为：

$$Q_x = (q_x - q_{x+dx})dydz\Delta t \tag{5.1}$$

$$Q_y = (q_y - q_{y+dy})dzdx\Delta t \tag{5.2}$$

$$Q_z = (q_z - q_{z+dz})dxdy\Delta t \tag{5.3}$$

根据 Fick 扩散定律，即认为物体内部可蒸发水流量 q_x、q_y、q_z 与物体内部 x、y、z 三个方向湿度梯度成正比，则：

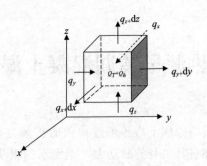

图 5-1 传质分析中的微元体

$$q_x = - D \frac{\partial \omega}{\partial x} \tag{5.4}$$

$$q_y = - D \frac{\partial \omega}{\partial y} \tag{5.5}$$

$$q_z = - D \frac{\partial \omega}{\partial z} \tag{5.6}$$

式中：D 为混凝土水分扩散系数，表示为自身混凝土含湿量的函数（m^2/h）；ω 为混凝土含水量（%）。

利用泰勒级数展开 $q_x + d_x$，取前两项 $q_x + \frac{\partial q_x}{\partial x} dx$，并将式（5.4）~式（5.6）带入式（5.1）~式（5.3）中，可得：

$$Q_x = \left(q_x - q_x - \frac{\partial q_x}{\partial x} dx \right) dydz\Delta t = - \frac{\partial q_x}{\partial x} dxdydz\Delta t = \frac{\partial}{\partial x} \left(D \frac{\partial w}{\partial x} \right) dxdydz\Delta t \tag{5.7}$$

$$Q_y = \left(q_y - q_y - \frac{\partial q_y}{\partial y} dy \right) dzdx\Delta t = - \frac{\partial q_y}{\partial y} dxdydz\Delta t = \frac{\partial}{\partial y} \left(D \frac{\partial w}{\partial y} \right) dxdydz\Delta t \tag{5.8}$$

$$Q_z = \left(q_z - q_z - \frac{\partial q_z}{\partial z} dz \right) dxdy\Delta t = - \frac{\partial q_z}{\partial z} dxdydz\Delta t = \frac{\partial}{\partial z} \left(D \frac{\partial \omega}{\partial z} \right) dxdydz\Delta t \tag{5.9}$$

引起混凝土内湿度随浇筑龄期减少的主要原因有水泥水化消耗水分、湿度梯度驱动、内部温度梯度对混凝土内部水分形式改变和水分迁移的影响等。

早龄期混凝土水泥水化自干燥将引起含水率降低，则 Δt 时间内无限小平行六面体内水泥水化自干燥引起的可蒸发水变量为：

$$Q_h = \frac{\partial \omega_h}{\partial t} dxdydz\Delta t \tag{5.10}$$

由索瑞特效应可知，温度梯度引起水分迁移，则 Δt 时间内无限小平行六面体

内温度梯度引起的可蒸发水变量为:

$$Q_{\mathrm{T}} = \frac{\partial \omega_{\mathrm{T}}}{\partial t}\mathrm{d}x\mathrm{d}y\mathrm{d}z\Delta t \tag{5.11}$$

Δt 时间内无限小平行六面体可蒸发水总变量为:

$$Q_{\omega} = \frac{\partial \omega}{\partial t}\mathrm{d}x\mathrm{d}y\mathrm{d}z\Delta t \tag{5.12}$$

则对于拆模前, 结合式 (5.7)~式 (5.12), 根据无限小平行六面体内质量守恒得:

$$Q_{\omega} = Q_{x} + Q_{y} + Q_{z} + Q_{\mathrm{h}} + Q_{\mathrm{T}} \tag{5.13}$$

则可以得到混凝土非稳定湿度场的水分运动方程为:

$$\frac{\partial \omega}{\partial t} = \frac{\partial}{\partial x}\left(D\frac{\partial \omega}{\partial x}\right) + \frac{\partial}{\partial y}\left(D\frac{\partial \omega}{\partial y}\right) + \frac{\partial}{\partial z}\left(D\frac{\partial \omega}{\partial z}\right) + \frac{\partial \omega_{\mathrm{T}}}{\partial t} - \frac{\partial \omega_{\mathrm{h}}}{\partial t} \tag{5.14}$$

根据吸附原理, 任意时刻混凝土内毛细孔含水量变化与相对湿度变化线性相关, 则建立考虑自干燥、温度梯度、湿度梯度影响的内埋热源混凝土湿度场水分运动方程:

$$\frac{\partial H}{\partial t} = \frac{\partial}{\partial x}\left(D\frac{\partial H}{\partial x}\right) + \frac{\partial}{\partial y}\left(D\frac{\partial H}{\partial y}\right) + \frac{\partial}{\partial z}\left(D\frac{\partial H}{\partial z}\right) + \frac{\partial H_{\mathrm{T}}}{\partial t} - \frac{\partial H_{\mathrm{h}}}{\partial t} \tag{5.15}$$

此外, 由索瑞特效应可知, 温度梯度引起水分迁移, 该迁移由两部分组成, 一部分为由温度梯度引起孔隙内气体持水能力的改变而引起的气态水迁移, 另一部分为由温度梯度引起的毛细势梯度改变引起的液态水迁移[87], 则 Δt 时间内无限小平行六面体由索瑞特引起的相对湿度变量如式 (5.16)、式 (5.17) 所示。

液体水迁移:

$$H_{\mathrm{TL}} = \left[\frac{\partial}{\partial x}\left(D_{\mathrm{T}}\frac{\partial T}{\partial x}\right) + \frac{\partial}{\partial y}\left(D_{\mathrm{T}}\frac{\partial T}{\partial y}\right) + \frac{\partial}{\partial z}\left(D_{\mathrm{T}}\frac{\partial T}{\partial z}\right)\right]\Delta t \tag{5.16}$$

气态水迁移:

$$H_{\mathrm{TK}} = k\Delta T \tag{5.17}$$

则 Δt 时间内无限小平行六面体内温度梯度引起的相对湿度变量为:

$$\frac{\partial H_{\mathrm{T}}}{\partial t} = \frac{\partial}{\partial x}\left(D_{\mathrm{T}}\frac{\partial T}{\partial x}\right) + \frac{\partial}{\partial y}\left(D_{\mathrm{T}}\frac{\partial T}{\partial y}\right) + \frac{\partial}{\partial z}\left(D_{\mathrm{T}}\frac{\partial T}{\partial z}\right) + k\frac{\partial T}{\partial t} \tag{5.18}$$

因此, 由式 (5.18), 由温度梯度引起的湿度扩散公式为:

$$\frac{\partial H}{\partial t} = \frac{\partial}{\partial x}\left(D\frac{\partial H}{\partial x}\right) + \frac{\partial}{\partial y}\left(D\frac{\partial H}{\partial y}\right) + \frac{\partial}{\partial z}\left(D\frac{\partial H}{\partial z}\right) +$$

$$\frac{\partial}{\partial x}\left(D_{\mathrm{T}}\frac{\partial T}{\partial x}\right) + \frac{\partial}{\partial y}\left(D_{\mathrm{T}}\frac{\partial T}{\partial y}\right) + \frac{\partial}{\partial z}\left(D_{\mathrm{T}}\frac{\partial T}{\partial z}\right) + k\frac{\partial T}{\partial t} - \frac{\partial H_{\mathrm{h}}}{\partial t} \tag{5.19}$$

式中: k 为湿热系数, 为某一恒定含水量和水化度下, 温度变化 1℃ 引起的相对湿度变化[150]。

将第4章式（4.11）带入式（5.19），可得式（5.20）：

$$\frac{\partial H}{\partial t} = \frac{\partial}{\partial x}\left(D\frac{\partial H}{\partial x}\right) + \frac{\partial}{\partial y}\left(D\frac{\partial H}{\partial y}\right) + \frac{\partial}{\partial z}\left(D\frac{\partial H}{\partial z}\right) +$$

$$\frac{\partial}{\partial x}\left(\eta D\frac{\partial T}{\partial x}\right) + \frac{\partial}{\partial y}\left(\eta D\frac{\partial T}{\partial y}\right) + \frac{\partial}{\partial z}\left(\eta D\frac{\partial T}{\partial z}\right) + k\frac{\partial T}{\partial t} - \frac{\partial H_{\mathrm{h}}}{\partial t} \qquad (5.20)$$

4.4.1节试验结果表明，D_{T} 与水分扩散系数 D 相差4个数量级，且由第3章试验可知由于试件浅层布置有伴热带，因此混凝土试件内环境最大温差不超过20℃。因此，同可蒸发水由于存在浓度梯度而引起湿度变量相比，由温度梯度引起的毛细势梯度改变引起的湿度变量是非常微小的，两者相差3~5个数量级。此外已有研究理论认为[80]，温度变化通过影响饱和蒸汽压来间接影响混凝土孔隙内相对湿度，因此可以认为混凝土孔隙中的水蒸气分压力仅由当地温度下的水蒸气的饱和压力确定。因此，本文研究由索瑞特引起的相对湿度变量只考虑温度随时间改变引起的湿度变化，即本文 $\eta = 0$。

5.2　定解条件

5.2.1　初始条件

以混凝土浇筑为初始时间，混凝土湿度场初始条件为100%。

5.2.2　边界条件

湿度场根据边界湿度特点，可以分成四种，如下：

（1）第一类边界条件。

混凝土结构表面相对湿度为已知函数：

$$H(t) = f(t) \qquad (5.21)$$

（2）第二类边界条件。

给出计算区域边界上某些变量的导数值。如已知边界上湿流密度的分布及变化规律，即：

$$-D\frac{\partial H}{\partial n_i} = f(t) \qquad (5.22)$$

式中：n_i 为导热物体边界表面的法线方向。

（3）第三类边界条件。

当混凝土与空气对流时，采用对流边界条件来表示边界条件，即混凝土表面湿

度交换量与表面湿度 H_s 同大气相对湿度 H_E 之差成正比,其数学表达式:

$$D \frac{\partial H}{\partial n_i} = -f(H_s - H_E) \tag{5.23}$$

式中: f 为表面湿度扩散系数。

(4) 第四类边界条件。

当两固体接触时,若接触良好,则在两物体接触面上的湿度和湿度量应该都是连续的,边界条件为:

$$H_1 = H_2$$

$$D_1 \frac{\partial H_1}{\partial n_i} = D_2 \frac{\partial H_2}{\partial n_i} \tag{5.24}$$

5.3 内埋热源混凝土水分运动参数

水分运动参数的确定是研究多孔介质内部湿度特征的关键[151],对研究内埋热源混凝土湿度场变化有重要的意义。标定含水率与相对湿度换算关系、湿度扩散系数、湿热系数、水化自干燥相关参数是应用数值模拟建模、定量分析早龄期混凝土水分运动变化规律的前提。

5.3.1 含水率与相对湿度换算关系

根据文献[152-153] BSB 模型,质量含水率与相对湿度的关系:

$$\omega = \frac{C_\omega k_\omega W_m H}{(1 - k_\omega H)[1 + (C_\omega - 1)k_\omega H]} \tag{5.25}$$

式中: H 为相对湿度; ω 为混凝土含水率; C_ω、k_ω、W_m 为试验数据回归获得参数。

为减少拟合参数,利用饱和度概念,如式(5.26)所示。通过该公式利用等温吸附曲线拟合参数时,只需拟合 C、k。

$$S_r = \frac{\dfrac{m - m_{dry}}{m_{dry}}}{\dfrac{m_{sat} - m_{dry}}{m_{dry}}} = \frac{\omega(H)}{\omega(H=1)} = \frac{(1 - k_\omega)[1 + (C_\omega - 1)k_\omega]H}{(1 - k_\omega H)[1 + (C_\omega - 1)k_\omega H]} \tag{5.26}$$

式中: S_r 为饱和度; m_{sat} 为混凝土饱和时质量。

混凝土含水状态可以通过含水率、饱和度来表示,能量状态可以由毛细压力、相对湿度表示,较大孔径的多孔介质,如土壤可以通过物理实验测定水分特征曲线。但混凝土孔隙足够小,很难通过常规试验测得负压,通常采用等温吸附曲线测得含水率与相对湿度之间的关系。通过 origin 软件拟合 4.5 节等温吸附曲线试验数据，结果如图 5-2 所示。

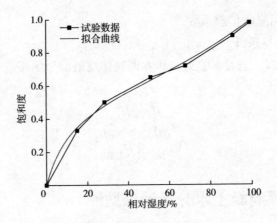

图 5-2　等温吸附曲线

通过拟合试验数据获得 k_ω 为 0.46395、C_ω 为 17.37832，R^2 达到 0.99636，则：

$$S_r = \frac{4.60934H}{(1 - 0.46395H)(1 + 7.59872H)} \qquad (5.27)$$

采用含水率测试仪检测饱和试验块，获得饱和含水率为 15%，则：

$$\omega = \frac{0.6914H}{(1 - 0.46395H)(1 + 7.59872H)} \qquad (5.28)$$

图 5-3 为相对湿度与含水率关系曲线，从图中可以看出，含水率随相对湿度单调增加。

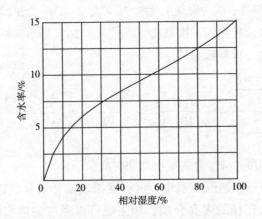

图 5-3　相对湿度与含水率关系曲线

5.3.2　水化自干燥模型系数

依据第 4 章 4.3 节试验结果采用式（2.23）、式（2.24）获得不同养护温度下水化度随时间的变化关系曲线（图 5-4），从图中可以看到，65℃水泥水化 20h 达到水化度 0.67，60h 后水化度基本不变。45℃水泥水化 42h 水化度达到 0.67，100h 水化度达到 0.8。

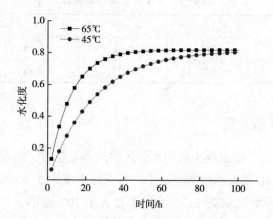

图 5-4　不同温度下水化度随时间的变化关系

依据张君、高原等[144] 提出的自干燥湿度下降预测模型，见 4.1.1 节式（4.2），通过 origin 软件对 4.3 节图 4-5 湿度变化曲线进行拟合，结果如图 5-5 所示。该小尺寸试验块模型采用第 3 章中已验证的基于等效龄期温度场模型，利用该温度场模型计算实际养护时间与等效龄期期间的函数关系。由于小尺寸试验块模型采用恒温水浴养护，外界环境温度一定且传热较快，故对小尺寸试验块的表面边界条件采用较大的传热系数，水化放热反应函数同第 3 章模型。拟合所得参数见表 5-1，用于湿度场关键参数标定。

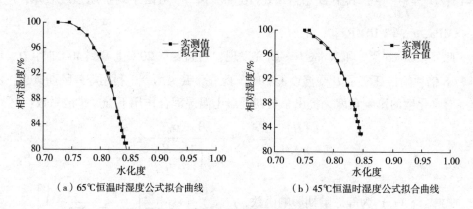

（a）65℃恒温时湿度公式拟合曲线　　　　（b）45℃恒温时湿度公式拟合曲线

图 5-5　水泥水化湿度公式拟合曲线

考虑温度、水泥比表面积对最终水化度 α_u 的影响，基于试验数据拟合结果及第 2 章 2.3.3 节式（2.27）、式（2.28）获得式（4.2）相关参数，$H_{s,u}$ 取为 82%，β_H 取为 3，考虑到试验研究采用的 P·O 42.5 硅酸盐水泥比表面积为 335m^2/kg，因此 α_{u293} 取为 0.80，考虑养护温度作用 α_u 取为 0.82（表 5-1）。

表 5-1　水化自干燥模型参数

养护温度/℃	$H_{s,u}$/%	α_c	α_u	β_H
45	81	0.71	0.85	3.3
65	84	0.73	0.84	2.6

5.3.3　湿度扩散系数

湿度扩散系数 D 反映混凝土结构水分扩散能力受温度、湿度、水灰比等因素影响的程度[154]。Bažant 等人通过实验证明，当相对湿度大于 90% 时，D/D_{sat}（D_{sat} 饱和状态下水分扩散系数）接近 1；当相对湿度大于 70% 而小于 90% 时，D/D_{sat} 迅速下降；当相对湿度小于 70%，D/D_{sat} 基本维持为一常数，湿度扩散系数由式（5.29）表示。

$$\frac{D}{D_{sat}} = \alpha_0 + \frac{1 - \alpha_0}{1 + \left(\frac{1 - H}{1 - H_c}\right)^n} \tag{5.29}$$

式中：D 为相对湿度为 H 时的水分扩散系数；D_{sat} 为饱和时的水分扩散系数；α_0、H_c、n 为经验系数，文献推荐在没有试验数据的情况下 $\alpha_0 = 0.05$，$H_c = 0.8$，$n = 15$；$D_{sat} = \dfrac{D_{1.0}}{f_{ck}/f_{ck0}}$，其中 $D_{1.0}$ 为 3.6×10^{-6} m^2/h，f_{ck} 可由平均抗压强度表示，$f_{cm}-8$MPa，f_{ck0} 取 10MPa。

此外，Grace[155] 和 Wong[156] 研究发现，当温度从 20℃ 上升到 40℃ 时，D_{sat} 增加 6~8 倍，间接证实了 D 受温度的影响。此外，龚灵力[85] 利用等效龄期概念，从温度对水化度的影响角度，提出早龄期混凝土温湿耦合作用下湿度扩散系数：

$$\frac{D(H)}{f(t_e) \cdot D_{sat}} = \alpha_0 + \frac{1 - \alpha_0}{1 + \left(\frac{1 - H}{1 - H_c}\right)^n} \tag{5.30}$$

式中：$f(t_e)$ 为等效龄期影响函数，$f(t_e) = \exp\left[\dfrac{E_a}{R}\left(\dfrac{1}{273+T_r} - \dfrac{1}{273+T}\right)\right]$。

5.3.4　湿热系数

文献[157-158] 认为常温下多孔介质温度变化引起的内部相对湿度变化可以忽略，因此，很多有关湿度场研究未考虑温度变化对湿度场的影响。但是，冬季混凝土养护升温、降温阶段温度变化远远大于常温下温度幅值。因此，本书研究中重点考虑温度变化相关参数。根据吸附热力学，文献[150] 提出了湿热系数 k 的数学表达式：

$$k = \frac{0.0135H(1 - H)}{1.25 - H} \tag{5.31}$$

式中：H 为相对湿度（%）。

而由式（5.20）可知，当仅考虑温度随时间变化对相对湿度的影响，而不考虑湿度梯度与水化影响时，可以得到式（5.29），可知 k 值受单位时间湿度变化与温度变化的影响。

$$k = \frac{\Delta H}{\Delta T} \tag{5.32}$$

比较 4.4.2 节试验结果与式（5.31）、式（5.32）计算结果，见表 5-2。由表 5-2 可知，在升温阶段 k 采用式（5.31）获得的计算值普遍小于式（5.32）计算结果，而在降温阶段则正好相反。

表 5-2　温度梯度作用下相对湿度变化值

序号	升温阶段 H 初始值	升温阶段 $k/10^{-3}$		降温阶段 H 初始值	降温阶段 $k/10^{-3}$	
		根据公式（5.31）	根据公式（5.32）		根据公式（5.31）	根据公式（5.32）
试验块 1	0.451	4.18	6.75	0.557	4.81	3.54
试验块 2	0.56	4.82	7.81	0.681	5.15	3.95
试验块 3	0.627	5.06	8.03	0.73	5.12	4.18
试验块 4	0.67	4.63	7.73	0.82	4.63	4.55
试验块 5	0.77	4.98	7.39	0.94	2.46	4.04
试验块 6	0.86	4.17	6.35	1	0	3.43

此外，由式（5.31）可知，当 H 为 0 和 1 时，k 为 0，但通过 4.4.2 节试验结果可知，当相对湿度在 85% 左右时，随温度升高相对湿度将升高至 100%，停止加热降温后，相对湿度会缓慢下降，此时 k 值不等于 0。

因此，基于 k 值随温度、相对湿度变化特点，对文献[150] 提出的 k 值计算模型进行修正，提出考虑温度变化趋势的两阶段计算模型：

升温阶段：

$$k_{s} = \frac{a_{s}H(1-H)}{b_{s}-H}$$ (5.33)

降温阶段：

$$k_{j} = \frac{a_{j}H(1-H)}{b_{j}-H} + c_{j}H$$ (5.34)

式中 a_{s}、a_{j}、b_{s}、b_{j}、c_{j} 为与 ΔH、ΔT 有关的材料系数。

基于式（5.33）、式（5.34），对表 5-2 数据拟合，如图 5-6 所示。

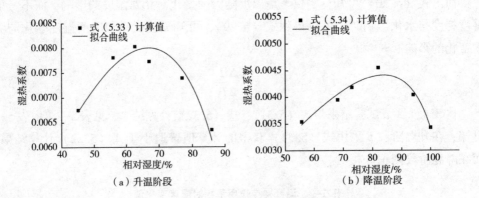

图 5-6　两阶段 k 与相对湿度关系拟合曲线

5.4　内埋热源早龄期混凝土湿度场模拟

5.4.1　热—湿耦合混凝土数值模型

第 3 章建立了基于等效龄期的内埋热源混凝土温度场计算模型，在此基础上，根据本章 5.1 节提出的混凝土非稳定湿度场的水分运动方程（5.20）（其中湿热系数 k 采用本章提出的两阶段湿热系数数学模型），利用 COMSOL 数值分析软件中的"稀物质传递"模块，修正模块原有默认控制方程，将早龄期混凝土中湿度场与温度场进行耦合计算。湿度场中所涉及的参数见表 5-3。由于混凝土柱四周有模板和保温层，与外界环境没有湿度交换，故将混凝土各面施加无通量边界条件。

表 5-3　湿度场模型参数

参数名称	参数值
a	0.05
湿度扩散系数为最大值一半时的相对湿度 H_c	0.8
相对湿度方程拟合系数 n	15
混凝土扩散活化能 $E_{ad}/(kJ \cdot mol^{-1})$	35
理想气体常数 $R/(J \cdot mol^{-1} \cdot K^{-1})$	8.314
参考温度 T_r/K	293
湿度扩散系数 $D/(m^2 \cdot h^{-1})$	式 (5.30)
考虑龄期影响函数 $f(t_e)$	式 (2.23)
η	0
k	升温阶段 $k_s = \dfrac{0.0237H(1-H)}{1.32-H}$
	降温阶段 $k_j = \dfrac{0.00412H(1-H)}{1.2-H} + 0.00341H$

5.4.2　模型有效性验证

将龄期为 8 天（192h）的混凝土试验柱 2 拆除一侧模板进行含水率测试，对比数值计算结果，如图 5-7 所示，从图中可以看出，试验柱表面下部含水率高于上部，中部含水率高于左右两侧。原因可以解释为加热期间，混凝土试验柱上部温度高于下部，上部较下部水化快；左右两侧内埋伴热带，温度高于中间，水化消耗水分相对较快。伴热带停电以后，混凝土柱降温，上部降温速率较下部快，更加速了上部相对湿度的降低。利用含水率与相对湿度换算关系式（5.25），将含水率换算为相对湿度，从表面湿度显著波动位置、变化趋势和量级对比来看，湿度场数值模拟拟合效果较好。

5.4.3　内埋热源混凝土试验柱湿度场分布变化规律

基于第 4 章混凝土浇筑后内部湿度场水分传输机制，可知混凝土中湿度场的变化主要受到水泥水化反应和温度梯度两种作用的影响。图 5-8 为混凝土试验柱模型监测线示意图，通过对图中竖向虚线测线（混凝土试验柱竖向中心线、表面中间线、棱角线三条线）及混凝土内部横向虚线测线（$z=1.475m$，$z=1.1m$，$z=0.75m$）处相对湿度变化规律的研究，辨识早龄期湿度场的分布变化特点及影响因素。

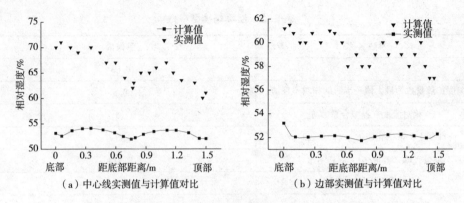

（a）中心线实测值与计算值对比 　　　　（b）边部实测值与计算值对比

图 5-7　龄期为 192h 时混凝土表面实测值与计算值对比

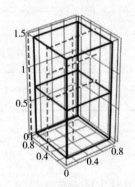

图 5-8　模型测线示意图

图 5-9 给出了混凝土柱竖向中心监测点相对湿度随时间的变化曲线，从图中可以看出，随着养护时间的推移，整个混凝土内相对湿度随时间的变化过程大致分为三个阶段：相对湿度为 1 阶段、快速下降阶段、缓慢下降阶段。

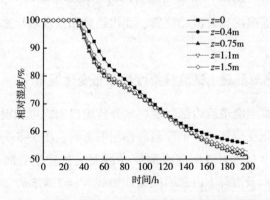

图 5-9　混凝土试验柱不同高度相对湿度随时间变化

相对湿度为 1 阶段：浇筑后 0~30h，尽管混凝土自干燥作用不断消耗水分，但混凝土柱内部相对湿度始终保持为 1。

快速下降阶段：浇筑后 30~60h，随着水化反应的进行，相对湿度曲线表现为，当 $t=30h$ 时，混凝土结构内部湿度开始快速降低。除顶点略高外，其他各点数值较为接近。从试件养护条件来看，混凝土水化阶段水化耗水是相对湿度下降的主要原因。

下降阶段：浇筑 60h 后，水化基本完成，温度下降成为相对湿度下降的主要原因，并且湿度下降速率越来越慢。以底部 $z=1.5m$ 为例，在 $t=160h$ 后，由于温度下降非常缓慢，相对湿度基本不变化。

选取混凝土试验柱代表性竖向监测点（图 5-8 竖向虚线测线），获得混凝土试验柱中心、边点、角部的竖向相对湿度随龄期变化分布曲线，如图 5-10 所示。

其中从图 5-10（a）中可以看出，混凝土试验柱中心相对湿度曲线成弧线形，混凝土试验柱底部较中上部相对湿度值较高，其中中部最低。$t=24h$ 时，混凝土试验柱整体相对湿度为 1；当 $t=36h$ 时，混凝土柱中部和顶部的相对湿度开始减小，中部相对湿度较顶部小；当 $t=48h$ 时，混凝土柱底部相对湿度小于 1；当 $t>72h$ 时，伴热带停止供电，由第 3 章可知，温度场表现为中心高于两端。因此，受温度的影响，混凝土中部相对湿度比上下端略高，底部较顶部高。

混凝土试验柱边点、角点的竖向相对湿度随龄期变化分布曲线，如图 5-10（b）、图 5-10（c）所示。从图中可以看出，$t=24h$ 时，混凝土试验柱整体相对湿度为 1；$t>36h$ 后，混凝土试验柱表面竖向中部和角部相对湿度曲线呈 "m" 线形，受热源加速水化自干燥作用影响，混凝土试验柱埋有自限温伴热带处的相对湿度较其他位置低。但当 $t>60h$ 后，受水化趋缓的影响，"m" 的两个峰值趋缓，特别是表面角部测点曲线逐渐趋于水平，相对湿度值趋于相等。

选取混凝土试验柱代表性横向断面中部监测点（图 5-8 横向虚线测线），其中试验柱 $z=1.475m$ 处横向断面为最上部布置有伴热带的断面；试验柱 $z=0.75m$ 处为中部布置有伴热带的断面；试验柱 $z=1.1m$ 高处为没有布置伴热带的断面。各横向侧线相对湿度分布随龄期变化分布曲线如图 5-11 所示。

从图中可以看出，当内埋热源加热时，加热带区域周围相对湿度值降低较快。混凝土试验柱边壁上由于混凝土模板和保温层的绝湿作用，混凝土试验柱边壁相对湿度较高。当 $t>60h$ 时，水化作用基本完成，水化耗水减小；受到温度变化影响，曲线表现出温度高处大于温度低处的相对湿度；当 $t>72h$ 时，伴热带停止供电，混凝土试验柱快速降温，混凝土横向断面相对湿度持续均匀降低。

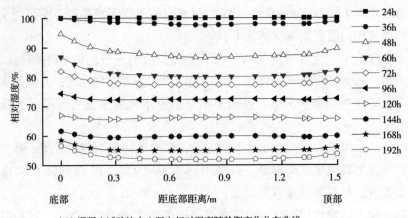

（a）混凝土试验柱中心竖向相对湿度随龄期变化分布曲线

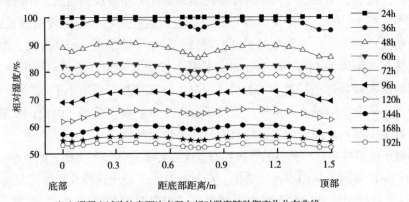

（b）混凝土试验柱表面边点竖向相对湿度随龄期变化分布曲线

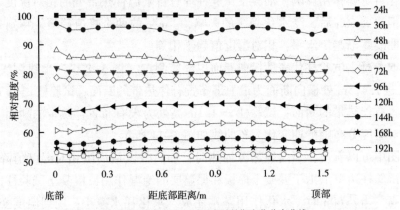

（c）混凝土试验柱表面角部竖向相对湿度随龄期变化分布曲线

图 5-10　混凝土试验柱竖向相对湿度随龄期变化分布曲线

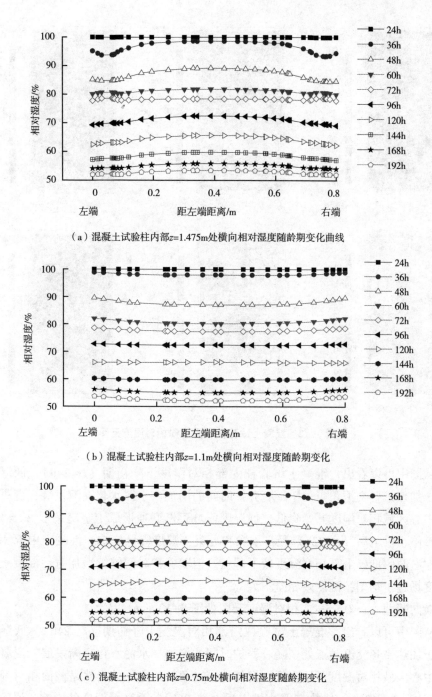

（a）混凝土试验柱内部z=1.475m处横向相对湿度随龄期变化曲线

（b）混凝土试验柱内部z=1.1m处横向相对湿度随龄期变化

（c）混凝土试验柱内部z=0.75m处横向相对湿度随龄期变化

图 5-11　混凝土试验柱内部横向相对湿度分布随龄期变化分布曲线

混凝土试验柱竖向中心断面相对湿度云图如图 5-12 所示。

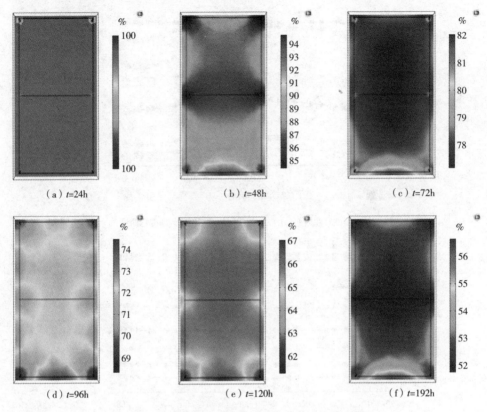

图 5-12   混凝土试验柱中心竖向相对湿度云图

从图中可以看出，混凝土试验柱内部相对湿度下降初期（$t=24h$），低湿度区域位于加热带各交汇角点处。随着养护时间的增加，水泥水化逐渐发展，混凝土试验柱中心区域相对湿度开始降低，低湿度区域逐渐联通形成十字交叉形（$t=48h$）。伴热带停止供电后（$t=72h$）受自干燥和混凝土温度降低影响，混凝土中部相对湿度较左右两侧低，上部相对湿度较下部低。但随养护时间继续增加时，混凝土柱内部湿度场趋于均匀，湿度差相差不大。

横向断面（$z=0.75m$）相对湿度云图如图 5-13 所示。

从图中可以看出，混凝土试验柱内部相对湿度下降初期（$t=24h$），低湿度区域位于加热带各交汇角点处。随着养护时间的增加，水泥水化逐渐发展，混凝土试验柱中心区域相对湿度开始降低，但伴热带在角部的交汇处仍然是截面相对湿度最低的区域（$t=48h$）。伴热带停止供电后（$t=96h$），受环境温度的影响，温度场呈现中心高四周低的特点，因此，受温度影响混凝土中心较四周相对湿度高。此后，随养护时间继续增加时，混凝土试验柱内部湿度场趋于均匀，各处湿度差相差不大。

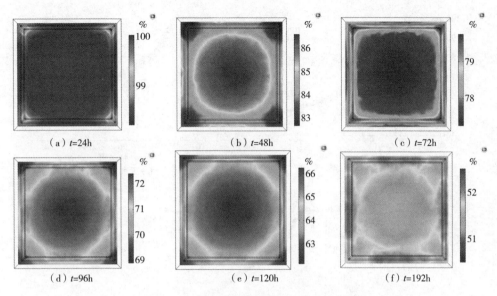

图 5-13　混凝土试验柱横向相对湿度云图

5.4.4　湿度场模型参数灵敏性分析

5.4.4.1　入模温度对湿度场的影响

在第 3 章就入模温度对内埋热源混凝土温度场的影响进行研究可知，入模温度是影响混凝土温度场的重要影响因素。因此，针对入模温度对湿度场的影响进行以下研究。

入模温度为 5℃、10℃、15℃时，混凝土试验柱 2 断面Ⅲ湿度场分布变化规律如图 5-14 所示，所选研究位置同 3.3.4 节。

从图中可以看出，水化初期 $t<30h$，相对湿度没有变化始终为 1，受水泥水化自干燥作用，当混凝土水化度达到临界水化度时（$t=30h$ 左右），存在湿度饱和期与湿度下降期的拐点，之后相对湿度降低明显（30~48h）；当水化基本完成后，混凝土温度场仍处于相对稳定阶段（48~72h），该阶段伴热带仍然在供热，温度下降缓慢，相对湿度缓慢降低；当 $t=72h$ 后，伴热带停电，混凝土进入降温阶段，降温孔隙内蒸汽压减小，相对湿度下降，特别是断面Ⅲ角点，该角点临近伴热带交汇处，停电时刻温度降低速率较其他点显著，因此。从图 5-14（c）中可以看出，在伴热带停止供电后，该处相对湿度下降明显。根据图 5-14 可知 72h 后，相对湿度下降速率较水化期慢。

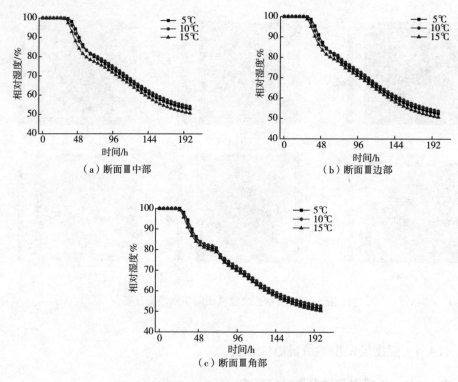

图 5-14　断面Ⅲ相对湿度随入模温度变化曲线

5.4.4.2　环境温度对湿度场的影响

环境温度为-20℃、-10℃、0℃时，混凝土试验柱 2 断面Ⅲ湿度场分布变化规律如图 5-15 所示，所选研究位置同 3.3.4 节。从图中可以看出，水化初期相对湿度没有降低，受水泥水化自干燥作用，当混凝土水化度达到临界水化度时（t=30h），存在湿度饱和期与湿度下降期的拐点，之后相对湿度降低明显。当水化基本完成后，混凝土温度场仍处于相对稳定阶段（48~72h），该阶段伴热带仍然在供热，温度下降缓慢，相对湿度趋于缓慢降低。当 t=72h 后，伴热带停电，混凝土进入降温阶段，降温孔隙内蒸汽压减小，相对湿度下降，但速度较水化期慢。但该阶段可以明显看出，曲线受外界环境温度影响显著，环境温度越低，相对湿度降低速度越大。

5.4.4.3　加热养护时间对湿度场的影响

加热养护时间为 1 天、3 天、7 天时，混凝土试验柱 2 断面Ⅲ监测点相对湿度变化曲线如图 5-16 所示。从图中可以看出，水泥水化初期阶段，混凝土水化度未达到临界水化度之前，热源加热时间的长短并不影响混凝土相对湿度的改

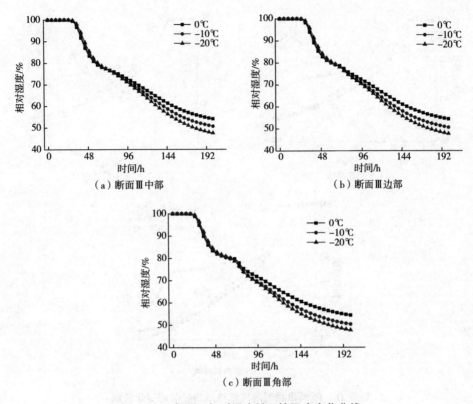

（a）断面Ⅲ中部　　　　　　　　　　　（b）断面Ⅲ边部

（c）断面Ⅲ角部

图 5-15　断面Ⅲ相对湿度随环境温度变化曲线

变。但是，当水化度超过临界水化度后，相对湿度开始下降，温度成为相对湿度改变的主要原因，温度越低，孔隙内蒸汽压减小，相对湿度越低，相对湿度下降越快。由 4.3 节水化自干燥试验与 4.4 节索瑞特效应试验研究可知，当达到最终水化度后，如果混凝土表面绝湿、环境温度不变，则相对湿度为定值。这时改变混凝土温度，则相对湿度随温度改变而改变。因此，由图中可以看出，水化基本结束后（$t>48h$），热源继续加热，混凝土温度场的相对稳定阶段变长（图 3-36），温度降低速率变小，相对湿度降低速率也随之变小。因此，图中加热 7 天的相对湿度曲线，在水化结束后高于其他养护时间的相对湿度。但停电后所有养护时间的相对湿度曲线受温度降低影响，均表现为连续下降。这是由于降温引起孔隙内蒸汽压减小，相对湿度下降，其中加热 7 天较其他加热条件的温度场在这一阶段温度变化明显，因此，加热 7 天较 1 天、3 天的相对湿度曲线下降更为显著。

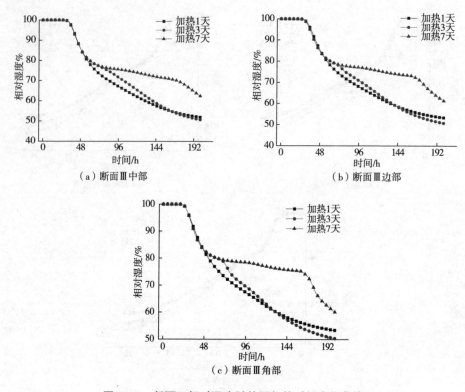

（a）断面Ⅲ中部　　　　　　　　　　　　　　（b）断面Ⅲ边部

（c）断面Ⅲ角部

图 5-16　断面Ⅲ相对湿度随热源加热时间变化曲线

5.4.4.4　热源温度对湿度场的影响

热源温度分别为 45℃、65℃、85℃时，混凝土试验柱 2 断面Ⅲ监测点相对湿度变化曲线如图 5-17 所示。从图中可以看出，水化初期，无论热源温度高低，在到达临界水化度之前，相对湿度没有降低，始终保持为 1。此后，热源温度越高，水化速度越快，到达水化度临界值（饱和湿度与湿度降低的拐点）的时间越短。从热源温度为 85℃时，混凝土湿度变化曲线可以明显看到，$t=24h$ 时，即已达到水化临界值，相对湿度开始降低；热源温度为 65℃时，在 $t=30h$ 相对湿度开始降低；而热源温度为 45℃时，在 $t=45h$ 时，相对湿度才开始下降。这是因为，提高热源温度能够提高混凝土整体温度场，降低温度场相对稳定阶段温度降低速率，加速水化，提高水分消耗。此外，在水化基本结束之前，热源温度越高，相对湿度降低速度越大，特别是在图中可以看到，伴热带停止供热前，热源温度为 85℃时，在热源作用下混凝土水化耗水基本完成，曲线表现出一段相对平缓向下的趋势。在伴热带停止供电后（$t>72h$），混凝土温度随之下降，降温引起孔隙内蒸汽压减小，在 45℃、65℃、85℃热源作用下的混凝土相对湿度曲线均缓慢降低。

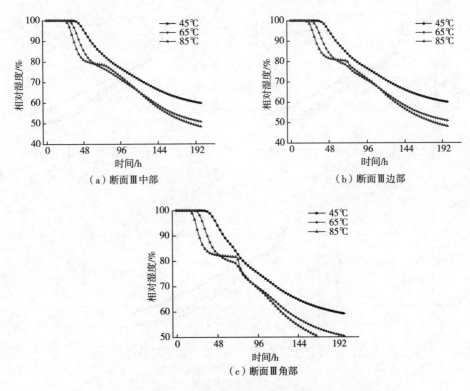

（a）断面Ⅲ中部　　　　　（b）断面Ⅲ边部

（c）断面Ⅲ角部

图 5-17　混凝土断面Ⅲ相对湿度随热源温度变化曲线

5.4.4.5　表面放热系数对内埋热源温度场影响

表面等效放热系数分别为 10kJ/（m²·h·K）、15kJ/（m²·h·K）、20kJ/（m²·h·K）时，混凝土试验柱 2 断面Ⅲ湿度场分布变化规律如图 5-18 所示。从图中可以看出，水化初期，无论表面放热系数高低，在到达临界水化度之前，相对湿度没有降低，始终保持为 1。随着时间的增长，表面放热系数越低，水化速度越快，到达水化度临界值（饱和湿度与湿度降低的拐点）的时间越短。从表面放热系数为 10kJ/（m²·h·K）的湿度变化曲线可以明显看到，$t=27h$ 时，即已达到水化临界值，相对湿度开始降低；而表面放热系数为 15kJ/（m²·h·K）时，相对湿度在 $t=27.5h$ 时下降；表面放热系数为 20kJ/（m²·h·K）时，相对湿度在 $t=28h$ 时开始下降。到达水化临界值后，相对湿度快速下降。当水化基本完成后，混凝土温度场仍处于相对稳定阶段（48~72h），该阶段伴热带仍然在供热，温度下降缓慢，相对湿度趋于缓慢降低。当 $t>72h$ 后，伴热带停电，混凝土进入降温阶段，该阶段可以明显看出，曲线受外界环境温度影响显著，表面放热系数越大，相对湿度降低速度越大。

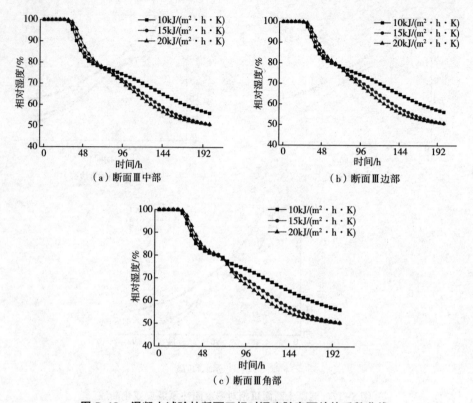

图 5-18　混凝土试验柱断面Ⅲ相对湿度随表面放热系数曲线

5.5　小结

基于内埋热源混凝土水分迁移机理，提出两阶段湿热系数计算模型，修正混凝土水分运动方程，辨识和标定内埋热源混凝土水分运动参数；基于第 3 章提出的非稳态温度场控制方程和本章建立的混凝土水分运动方程，进行早龄期混凝土温湿度耦合计算，研究主要计算参数对湿度场的影响，得出如下结论：

（1）基于相对湿度随温度变化规律，对已有湿热系数计算模型进行修正，提出两阶段计算模型，比较模型计算结果与试验结果，发现拟合程度较好，可以有效地反映热湿系数 k 值随温度、相对湿度变化特点。

（2）修正水分运动方程，标定辨识重要参数，建立数值模型，得到湿度场随时间的变化规律，并与试验结果对比，表明吻合程度较好。研究指出了绝湿条件下水化自干燥是水化结束前混凝土相对湿度减小的主要原因，水化结束后混凝土内环境温度变化是相对湿度变化的主要原因。

（3）研究表明，在水化结束前，入模温度、环境温度越高相对湿度越低，水化结束后环境温度越低相对湿度越低，表面放热系数正好与之相反；热源加热时间的长短主要影响水化结束后相对湿度，加热时间越长，受温度场的影响，相对湿度越高；热源温度越高，水化阶段水化速度越快，越能加速到达混凝土相对湿度降低拐点。

第6章 内埋热源早龄期混凝土变形与抗裂性

混凝土初凝后，逐渐硬化，早期混凝土体积变形受到约束，会造成复杂的应力状态，拉应力超过抗拉强度将导致混凝土早期开裂[3-4]。此外，已有研究表明，这个时期也是混凝土胶凝材料耐久性等主要性能发展至关重要的时期[8]。目前，内埋热源混凝土的相关研究主要集中在养护温度的控制方面，关于内埋热源混凝土变形的研究较少，相关试验方法、基本数据均比较缺乏。

因此，本章基于第3章内埋热源早龄期混凝土试验柱试验，分析混凝土变形特点；基于热—湿—力耦合作用，研究提出早龄期内埋热源混凝土应变计算公式，分析养护过程中混凝土变形、应力场分布变化规律及影响因素。

6.1 内埋热源早龄期混凝土变形试验研究

为研究内埋热源对混凝土变形及抗裂性能的影响，在3.2节温度场试验中，同时还开展了混凝土试验柱1、2的应变监测。下面将对内埋热源混凝土试验柱1、2变形特点进行分析，以获得重要变化规律。

6.1.1 混凝土试验柱1试验结果

6.1.1.1 混凝土试验柱1应变过程概况

从试验结果来看，混凝土试验柱1应变随时间的变化过程如图6-1所示，从图中可以看到，随着养护时间的推移，整个混凝土内应变过程大致分为4个阶段。

第1阶段：从混凝土入模到浇筑后2~5h，混凝土柱底部断面应变呈压应变增大，不断收缩的趋势。底部与下部混凝土板接触，尽管混凝土水化放出大量热量，混凝土升温，但受底部混凝土板收缩影响，在入模后的几个小时里，混凝土收缩。混凝土其他上部断面受底部约束影响较小，变形主要受水化放热和伴热带放热影响，表现为拉应变增加，不断膨胀。

第2阶段：浇筑0~5h后，由于水化作用，混凝土升温，混凝土内应变呈拉应变增大，不断膨胀的趋势，一般第一个峰值普遍出现在入模后12.5~21.5h。其中，第一个到达拉应变峰值的监测点为断面Ⅰ边点，20h达到159.64με。

第3阶段：浇筑20h左右，水化放热趋缓，内部混凝土应变呈压应变增大，不断收缩的趋势。

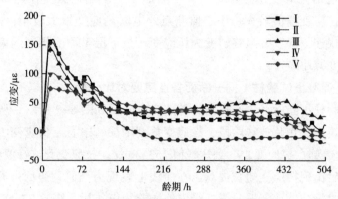

（a）混凝土试验柱1边部监测点应变变化曲线

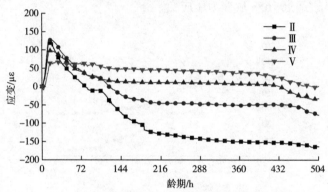

（b）混凝土试验柱1中心部监测点应变变化曲线

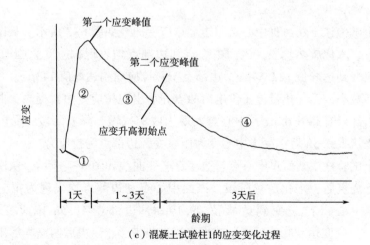

（c）混凝土试验柱1的应变变化过程

图6-1　混凝土试验柱1中心、边部监测点应变时程曲线

第4阶段：浇筑3天后，伴热带停止供电，边点受环境温度影响明显，各点均在停电时刻表现出拉应变迅速增大。其中断面Ⅰ、Ⅴ的边点受伴热带放热作用明显，停电时刻拉应变增值较大。中心监测点停电时刻应变增大较小，曲线较平缓。此后，应变均快速下降，并最终转变为压应变。最下层Ⅴ面受端部约束的作用，停电后该处拉应变减小缓慢。

6.1.1.2 混凝土试验柱1同一断面各点应变对比分析

混凝土试验柱1断面Ⅱ中心点与边部点应变曲线如图6-2所示。从图中可以看到，混凝土浇筑后，水化放热阶段，拉应变急剧增加，中心点拉应变12.5h到达峰值123.56$\mu\varepsilon$，边部点拉应变19h到达峰值153.36$\mu\varepsilon$。拉应变到达峰值后逐渐减小，停电后曲线先后出现拉应变短暂提高，在曲线上表现为凸起，边部点升高0.45$\mu\varepsilon$，中心点表现为收缩减慢。降温阶段，受内外温差约束作用，浇筑77.5h后混凝土中心变为压应变，边部点165h后变为压应变。

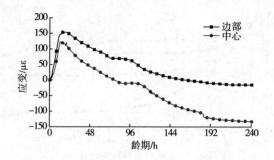

图6-2 混凝土试验柱1断面Ⅱ应变变化曲线

混凝土试验柱1断面Ⅲ中心点与边部点应变曲线如图6-3所示。从图中可以看到，浇筑后，水化放热阶段，该面中心点和边部点均表现拉应变急剧增加，18.5h中心点拉应变到达峰值127.54$\mu\varepsilon$，边部点16h拉应变到达峰值143$\mu\varepsilon$。拉应变达到峰值后逐渐减小，当伴热带停止供电后两点先后出现拉应变短暂提高，曲线上表现为凸起，边部点升高6.65$\mu\varepsilon$，中心点表现为收缩减慢。降温阶段，受内外温差约束作用，浇筑120.5h后混凝土中心变为压应变，边部点为拉应力。

混凝土试验柱1断面Ⅳ中心点与边部点应变曲线如图6-4所示。从图中可以看到，混凝土浇筑后，水化放热阶段，该面中心点和边部点均表现为拉应变急剧增加，16.5h中心点拉应变到达峰值99.19$\mu\varepsilon$，边部点18.5h拉应变到达峰值101.23$\mu\varepsilon$。拉应变达到峰值后逐渐减小，当伴热带停止供电后两点先后出现拉应变短暂提高，在曲线上表现为凸起，边部点升高8.23$\mu\varepsilon$，中心点表现为收缩减慢。

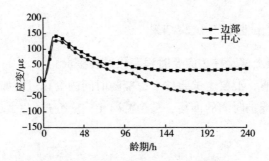

图 6-3　混凝土试验柱 1 断面Ⅲ应变变化曲线

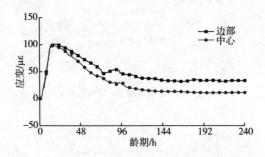

图 6-4　混凝土试验柱 1 断面Ⅳ应变变化曲线

　　混凝土试验柱 1 断面Ⅴ中心点与边部点应变曲线如图 6-5 所示。从图中可以看到，混凝土浇筑后，该面中心点和边部点首先均表现为压应变，中心点压应变持续 5h，边点压应变持续 2h。随后均表现为拉应变急剧增加，中心点 16.5h 拉应变达到峰值 69.49με，边部点 15h 拉应变达到峰值 75.13με。拉应变达到峰值后逐渐减小，当伴热带停止供电后边部点升高 28.78με，曲线上表现为凸起，中心表现为收缩减慢。

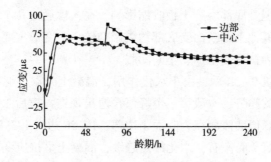

图 6-5　混凝土试验柱 1 断面Ⅴ应变变化曲线

6.1.2 混凝土试验柱 2 试验结果

6.1.2.1 混凝土试验柱 2 应变时程变化过程概况

从试验结果来看，混凝土试验柱 2 应变随时间的变化过程如图 6-6 所示。从图中可以看到，随着养护时间的推移，整个混凝土内应变过程大致分为 4 个阶段。

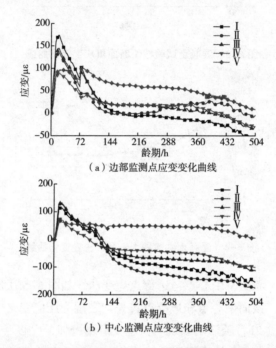

（a）边部监测点应变变化曲线

（b）中心监测点应变变化曲线

图 6-6 混凝土试验柱 2 中心、边部监测点应变变化曲线

第 1 阶段：从混凝土入模到浇筑后 3h 左右，混凝土柱底部断面应变呈压应变增大，不断收缩的趋势。底部与下部混凝土板接触，尽管混凝土水化放出大量热量，混凝土升温，但受底部混凝土板收缩影响，在入模后的几个小时里，混凝土表现出收缩。混凝土其他上部断面受底部约束影响较小，变形主要受水化放热和伴热带放热影响，表现为拉应变增加、不断膨胀。

第 2 阶段：浇筑 0~3h 后，由于水化作用，混凝土升温，混凝土内应变呈拉应变增大，不断膨胀的趋势，一般第一个峰值普遍出现在入模后 13.5~22.5h。其中，第一个到达拉应变峰值的监测点为断面 I 边部，19.5h 达到 173.88με。

第 3 阶段：浇筑 20h 左右，水化放热趋缓，混凝土呈拉应变减小，不断收缩的趋势。

第 4 阶段：浇筑 3 天后，伴热带停止供电，边部监测点受环境温度影响明显，各点均在停电时刻表现出拉应变迅速增大。其中断面Ⅰ、Ⅲ、Ⅴ的边部监测点受伴热带放热作用明显，停电时刻拉应变增值较大。中心监测点停电时刻应变增大较小，曲线较平缓。此后，应变均快速下降，并最终转变为压应变。最下层Ⅴ面受端部约束的作用，停电后该处拉应变减小缓慢。

6.1.2.2　混凝土试验柱 2 同一断面各点应变对比分析

混凝土试验柱 2 断面Ⅰ应变变化曲线如图 6-7 所示。从图中可以看出，水化放热阶段，拉应变急剧增加，中心点拉应变 13.5h 到达峰值 113.82με，由于断面Ⅰ边部监测点距伴热带仅 3cm，受伴热带放热作用影响，该点温度对外界环境变化反应较小，因此，边部点 19.5h 拉应变达到峰值 173.88με。拉应变达到峰值后逐渐减小，当伴热带停止供电后两点先后出现拉应变短暂提高，在曲线上表现为凸起，边部点升高 25.51με，中心点应变升高 1.39με，然后逐渐下降。降温阶段，受内外温差约束作用，浇筑 114.5h 后混凝土中心点变为压应变，边部点 174.5h 后为压应变。

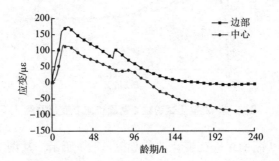

图 6-7　混凝土试验柱 2 断面Ⅰ应变变化曲线

混凝土试验柱 2 断面Ⅱ应变变化曲线如图 6-8 所示。从图中可以看到，该处监测点均表现为拉应变，水化放热阶段，监测点拉应变急剧增加，中心点 17.5h 拉应变到达峰值 129.62με，边部点 18.5h 拉应变到达峰值 134.98με。拉应变到达峰值后逐渐减小，伴热带停止供电后，先后出现拉应变短暂提高，在曲线上表现为凸起，边部点升高 1.28με，中心点应变升高 3.37με，随后下降。受内外温差约束作用，浇筑 115h 后，混凝土中心点变为压应变，边部点 149.5h 后变为压应变。

混凝土试验柱 2 断面Ⅲ应变变化曲线如图 6-9 所示。从图中可以看到，该处监测点均表现为拉应变，水化放热阶段，拉应变急剧增加，中心点 18h 拉应变到达峰值 132.16με，边部点拉应变 19h 到达峰值 144.45με。拉应变到达峰值后逐渐减小，当伴热带停止供电后，两点先后出现拉应变短暂增加，在曲线上表现为凸起，边部点增加 32με，中心点应变增加 0.5με，随后下降。受内外温差约束作用，浇筑

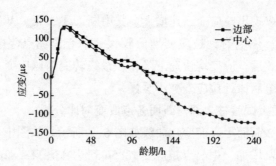

图 6-8　混凝土试验柱 2 断面 II 应变变化曲线

115h 后混凝土中心点变为压应变，边部点 149.5h 后为压应变。

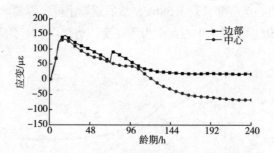

图 6-9　混凝土试验柱 2 断面 III 应变变化曲线

　　混凝土试验柱 2 断面 IV 应变变化曲线如图 6-10 所示。从图中可以看到，中心点拉应变 12.5h 到达峰值 108.95με，温度在浇筑后 30.5h 到达峰值；边部点拉应变 13h 到达峰值 86.59με，该点温度在浇筑后 28h 到达峰值。拉应变达到峰值后逐渐减小，当伴热带停止供电后，两点先后出现拉应变短暂提高，在曲线上表现为凸起，边部点升高 5.27με，中心点应变升高 1.05με，随后下降。受内外温差约束作用，浇筑 108h 后混凝土中心点变为压应变，边部点为拉应变。

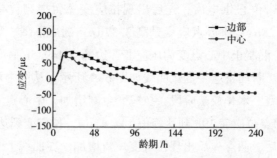

图 6-10　混凝土试验柱 2 断面 IV 应变变化曲线

混凝土试验柱 2 断面Ⅴ应变变化曲线如图 6-11 所示。从图中可以看到，混凝土浇筑后，该面中心点首先表现出压应变，压应变持续时间为 3h。随后，中心点表现为拉应变急剧增加，14.5h 到达峰值 67.16με，温度在浇筑 30.5h 后到达峰值；边部点拉应变 22.5h 到达峰值 96.86με，温度在浇筑后 28h 到达峰值。拉应变达到峰值后逐渐减小，当伴热带停止供电后两点先后出现拉应变短暂提高，在曲线上表现为凸起，边部点升高 28.35με，中心点应变升高 2.25με。受到底部约束的作用，中心点和边部点均长时间表现为拉应变。

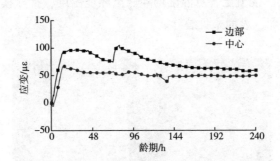

图 6-11　混凝土试验柱 2 断面Ⅴ应变变化曲线

6.1.3　混凝土试验柱 1、2 应变曲线对比

通过对比混凝土试验柱 1、2 断面Ⅲ边部点应变变化曲线，分析内埋伴热带对边部混凝土应变的影响，结果如图 6-12 所示。从图中可以看到，由于伴热带的影响，停电后混凝土试验柱 2 受到内外变形约束的影响更大，曲线表现为快速尖锐向上曲线，拉应变快速加大，尽管混凝土试验柱 1 也表现出拉应变增加，但较混凝土试验柱 2 小 60με，且时间上也较混凝土试验柱 2 晚。

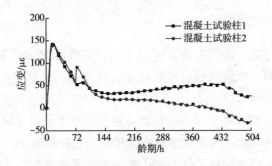

图 6-12　混凝土试验柱 1、2 断面Ⅲ边部点应变变化比较

综上所述，基于不同布置方案的混凝土试验柱应变曲线分析，可以看到，由于混凝土试验柱内埋有伴热带，中心点与边部点温差较小，因此在升温和相对稳定阶段混凝土内外变形基本一致，均表现为拉应变；而在伴热带停电时刻，由于受环境温度的影响，边部点温度降低速率突然加大，内外温差产生约束，混凝土表面会表现为明显快速的拉应变增加，然后不断减少的特点。此后，随着混凝土温度受环境温度的影响不断降低，混凝土中心点表现出压应变。最终，随着混凝土内外温差的缩小，混凝土总体表现为压应变。

此外，龄期8d，混凝土各点温度均降低至环境温度，拆除模板，如图6-13所示，从图中可以看到，表面未见裂缝。

图6-13　拆模后的混凝土试验柱

6.2　内埋热源混凝土热湿耦合变形机理

6.2.1　混凝土变形诱因

混凝土自浇筑开始，即发生各种体积变化，主要有化学减缩、自生体积变形、塑性收缩、干燥收缩、温度收缩、碳化收缩、徐变等，而这些体积变化与温度场、湿度场的改变有密切联系。

自生体积变形（自收缩）是指在恒温、绝湿条件下，由于胶凝材料水化引起的混凝土体积变形，可以细化为由化学减缩引起的表观体积减小，即凝缩；水泥水化体系内部形成孔隙，水化消耗水分引起孔隙内相对湿度降低，造成收缩，即自干燥收缩。对于普通硅酸盐水泥混凝土自生体积变形都是收缩。

塑性收缩一般终凝前较明显，混凝土塑性收缩的原因很多，如混凝土自身重力、化学反应、泌水、沉降、地基、模板或骨料的吸水、蒸发快速失水、水泥—水系统的体积缩减或模板的鼓胀或沉降等。混凝土温度高、大气湿度低以及风速大等因素不管是一种原因还是几种原因共同作用，都会加速水分的蒸发、加大塑性开裂，都有可能引起塑性收缩。

干燥收缩是混凝土硬化后由于水分散失引起的体积减小。混凝土徐变与干缩都假定主要与水化水泥浆体吸附水的迁移有关，差别在于干缩以混凝土与环境之间的相对湿度梯度为驱动力，而徐变以持续施加应力为驱动力。此外，干缩引起的界面过渡区的附加微裂缝和骨料的延迟弹性应变也会对徐变产生作用。

化学减缩也就是水化收缩，是由于水化反应前后水化产物平均密度发生改变。几乎所有的水硬性胶凝材料都会发生化学减缩，而且只要水泥与水接触就会发生水化就会发生化学减缩。此外，温度收缩是由于温度变化引起的混凝土收缩变形。碳化收缩是混凝土产生碳化作用引起的体积收缩变形。

因此，早龄期拆除模板前引起这些变形的原因可以归纳为温度变化、湿度变化及化学反应等。

6.2.1.1　温度变化

温度产生的变形与混凝土的热膨胀系数和温度升降的幅度有关[23]。对于冬季大体积混凝土施工，水泥水化产生热量，浇筑加温养护会持续几天温升，混凝土是热的不良导体，散热条件较差，这样混凝土温度比环境温度高很多，在降温阶段混凝土收缩，如果不采取有效的保温措施，减小内外温差，混凝土表面可能发生开裂。

混凝土抗拉强度低，混凝土降温阶段弹性模量、约束程度会使混凝土拉应力增大，而徐变产生的应力松弛能消除一部分由于温度变形所产生的破坏应力。当考虑徐变时，混凝土降温产生的拉应力可用下式估算[1]：

$$\sigma = K_r \frac{E}{1 + \varphi} \alpha_T \Delta T \tag{6.1}$$

式中：σ 为拉应力；K_r 为约束程度；E 为弹性模量；φ 为徐变系数；α_T 为热膨胀系数，早龄期热膨胀系数是一个与水化度相关的系数[56]；ΔT 为温差。

6.2.1.2　湿度变化

混凝土早龄期的很多变形，比如自生体积变形、塑性收缩、干燥收缩等都可以归因于混凝土湿度变化。其中，自生体积变形受水灰比影响显著，很多研究将 0.42 作为临界水灰比[159]，认为当水灰比低于 0.42 时，水泥不能完全水化，当水灰比低于 0.42 时，由于与外界没有水分交换，水泥进一步水化只能消耗孔隙内部水分，降低孔内的相对湿度，因而发生收缩。自生体积收缩作用可以通过利用表面化学的概念来解释收缩的机理。表面分子能量不同于材料内部分子能量，两者之差称为表面能。根据物体能量总是趋于最小，空气与液体两相间的界面都有减小的趋势，因此，根据能量守恒，表面能减小应等于表面减少时表面力做的功：

$$U_{\text{surf}} = \psi \mathrm{d}S = P_c \mathrm{d}V_p \tag{6.2}$$

式中：U_{surf} 为表面分子与内部分子能量之差；S 为界面面积；ψ 为表面张力；$\psi \mathrm{d}S$ 为表面能减少；P_c 为内部压力与外部压力之差；$P_c \mathrm{d}V_p$ 为表面力做功。对于毛细管：

$$P_c = \frac{2\psi \cos\theta}{r} \tag{6.3}$$

式中：r 为毛细管半径。

式（6.3）称为 Young—Laplace 方程，根据公式可以看出当 r 减小时，表面压力 P_c 增大。对于水泥浆体中的毛细孔，根据图 6-14 可知，当液体中的压力低于蒸汽中的压力，毛细孔中形成月牙形凹面，并产生使毛细孔壁靠近的力。这一毛细孔壁靠近的过程与毛细孔壁收缩过程相似，可用于估算混凝土自身体积变化。

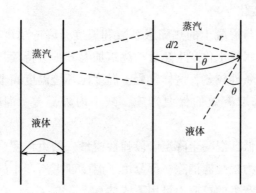

图 6-14 两块平板间弯月面形成

多孔介质材料毛细孔压力内应力可用下式估算：

$$\sigma_c = \frac{P_c V_p}{1 - V_p} \tag{6.4}$$

式中：V_p 为孔隙率，普通强度混凝土中，孔隙率为 15% ~ 20%。

因此，根据相对湿度与吸力之间的关系 Kelvin 方程[160]：

$$RT \ln H = \frac{M_w}{\rho_s} P_c \tag{6.5}$$

式中：R 为理想气体常数 [8.31441J/(K·mol)]；M_w 为水的摩尔质量 (18g/mol)；T 为绝对温度 (K)；ρ_s 为液态水密度 (kg/m³)；P_c 为孔隙毛细压力 (MPa)；H 为相对湿度，无量纲。

计算出毛细孔压应力值：

$$\sigma_c = \frac{RT\ln H \rho_s V_p}{M_w(1 - V_p)} \tag{6.6}$$

这个应力产生的黏弹性应变为[19-20]：

$$\varepsilon_c = \frac{\sigma_c}{E_c}(1 + \varphi) \tag{6.7}$$

式中：E_c 为弹性模量；φ 为徐变系数。

6.2.1.3　化学反应

密闭系统里添加使水泥完全水化的水，结果表明水化产物体积小于水泥石和水的体积之和。因此，化学收缩为体积的相对减小。

$$\varepsilon_{ch} = 1 - \frac{V_c + V_w + V_h}{V_{ci} + V_{wi}} \tag{6.8}$$

式中：ε_{ch} 为化学收缩；V_c 为任意时刻水泥的体积；V_w 为任意时刻水的体积；V_h 为水化产物体积；V_{ci} 为水泥初始体积；V_{wi} 为水的初始体积。

化学收缩是自收缩的原因，而且化学收缩越大，产生水化产物毛细孔数量越多，孔隙内相对湿度越低，产生的毛细孔压力越大，引起的自生体积收缩越大。尽管化学收缩导致体积变化，但不会产生应力，因为，此时混凝土仍然是塑性的[161]。

6.2.2　内埋热源混凝土变形影响因素的探索

6.2.2.1　对比应变与温度随时间变化

根据前两节的试验结果，比较混凝土试验柱 2 监测点温度与应变随时间变化曲线，如图 6-15 所示。

从图中可知，无论监测断面是否布置有伴热带，内埋热源混凝土内部的温度变化和其体积变化都具有一定的同步性，但温度与应变曲线各阶段的变化梯度并不相同。整个混凝土内应变随时间的变化过程大致可根据温度的变化过程（升温阶段、相对稳定阶段、降温阶段）开展研究。升温阶段：应变增大梯度大于温度升高梯度；温度相对稳定阶段：边部应变减小梯度大于温度下降梯度，而中心处监测点的应变减小梯度与温度下降梯度较为一致；温度下降阶段：伴热带停止供热后，拉应变增大时刻与温度速率显著增大开始点时刻基本一致，但随后的温度下降梯度较应变梯度小，下降趋势慢。

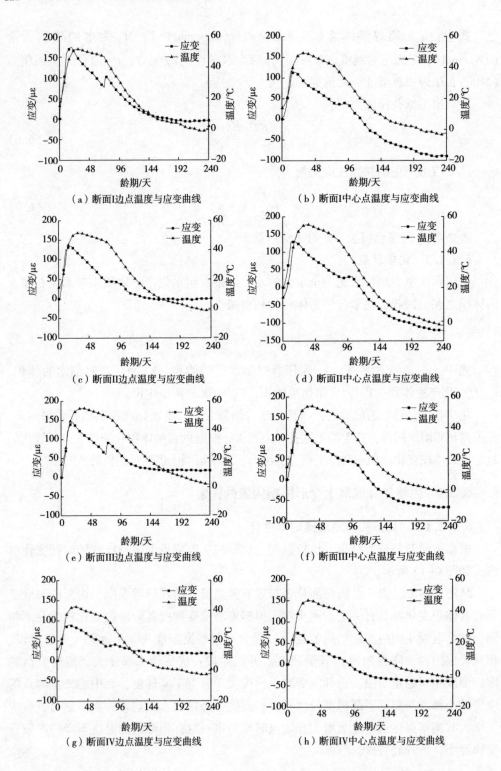

（a）断面I边点温度与应变曲线

（b）断面I中心点温度与应变曲线

（c）断面II边点温度与应变曲线

（d）断面II中心点温度与应变曲线

（e）断面III边点温度与应变曲线

（f）断面III中心点温度与应变曲线

（g）断面IV边点温度与应变曲线

（h）断面IV中心点温度与应变曲线

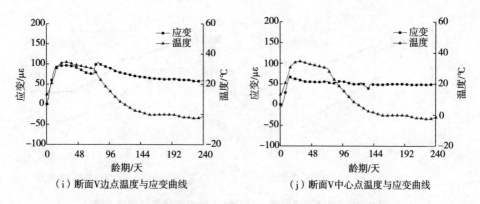

（i）断面V边点温度与应变曲线　　　　　（j）断面V中心点温度与应变曲线

图 6-15　内埋热源混凝土试验柱 2 监测点温度与应变曲线

为了进一步探讨二者的时间关系，针对混凝土试验柱 2 温度和应变曲线关键拐点对应的时间进行比较，见表 6-1，从表中可以看到，应变早于温度到达第一个峰值，其中所有边部监测点里，断面Ⅲ应变与温度的时间间隔最长为 15.5h，断面Ⅳ的边部监测点应变与温度的时间间隔最短为 8h；所有中心点里，断面Ⅱ的应变与温度的时间间隔最长 18h，断面 V 的应变与温度的时间间隔最短 13h。

表 6-1　混凝土试验柱 2 温度和应变曲线关键拐点的时间

监测点	温度第一峰值到达时间/h	应变第一峰值到达时间/h	停电后温度速率显著增大开始点/h	停电后应变开始增大时刻/h
Ⅰ B	28.5	19.5	72	72
Ⅰ Z	30.5	13.5	72	72
Ⅱ B	31	18.5	76.5	76.5
Ⅱ Z	35.5	17.5	81	81
Ⅲ B	34.5	19	72	72
Ⅲ Z	34	18	81	89
Ⅳ B	28	20	77	77
Ⅳ Z	30.5	13	75	76
V B	29	14	72	72
V Z	27.5	14.5	73	73

6.2.2.2　比较应变与相对湿度随时间变化

由第 5 章 5.4 节可知，混凝土试验柱 2 各监测点在 30h 左右时到达水化度临界值，即在 30h 左右时相对湿度开始下降，以混凝土试验柱 2 断面Ⅲ为例，如图 6-16 所示。

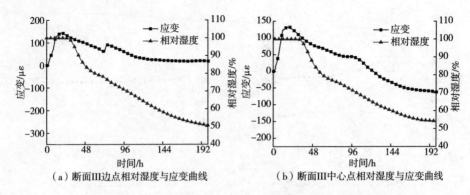

（a）断面Ⅲ边点相对湿度与应变曲线　　　　（b）断面Ⅲ中心点相对湿度与应变曲线

图 6-16　内埋热源混凝土试验柱 2 监测点温度与应变曲线

从图中可以看出，断面Ⅲ边点的相对湿度 24h 开始下降，而应变 19h 到达峰值开始下降，两者相差 5h；中心点相对湿度 28h 开始下降，应变 18h 到达峰值开始下降，两者相差 10h。而在 72h 停电以后，混凝土表现出拉应变快速增加，而相对湿度则在伴热带停电以前 $t=48h$ 左右就已表现出降低速率不断减小的趋势。

综合以上研究可知，温度、相对湿度与应变变化并不是完全一致，受温湿度耦合作用，影响体积变形的各相关热、力学参数对体积变形有着复杂的影响作用。

6.2.3　内埋热源混凝土热湿耦合变形解析

混凝土温度变形机理在于物质的热胀冷缩。冬季早龄期混凝土由于水泥水化热引起自身温度升高体积膨胀，降温后引起混凝土收缩。导热系数、比热容等热物理参数作为温度场的重要表征，受水分的影响，随含水率的升高而增高。同样，热膨胀系数作为表征混凝土温度变形的重要参数，受到包括相对湿度、粗骨料、水灰比、外加剂等因素的影响，并且随龄期增长呈规律性变化[162]。

此外，对于水化期间的混凝土，水泥水化速度受温度变化的影响，直接影响水分消耗，影响混凝土的湿扩散系数以及表面水分蒸发率。对于非饱和状态混凝土，温度变化则影响饱和蒸汽压，引起压力改变，造成自生体积变形。因此，基于热湿耦合作用对混凝土体积变形的影响研究将更符合早龄期混凝土材料的变形条件。

6.3　内埋热源早龄期混凝土热—湿—力耦合数值模型

6.3.1　力学参数

应力的大小取决于 $\sigma=\varepsilon E$，即应变 ε 与 E 混凝土弹性模量的乘积。混凝土设计中弹性模量常用经验公式估算，这些经验公式假定弹性模量与混凝土强度、密度、水化度相关。

Kanstad[39-40] 等人基于等效龄期概念，提出公式（6.9）。该方程考虑等效龄期对混凝土强度增长的作用，便于工程中考虑养护温度历程对强度的影响。

$$E(t_e) = \left[\exp^{s(1-\sqrt{672/t_e-t_0})} \right]^{n_E} E_{28} \tag{6.9}$$

式中：E_{28} 为 28 天混凝土弹性模量；t_0 为混凝土强度开始时间；s 与 n_E 均为模型系数，取决于水泥品种，对于正常硬化水泥，$s=0.25$，$n_E=0.37$。

6.3.2　约束程度

如果没有约束，混凝土降温时不会产生与温度变形有关的应力。但实际上混凝土结构都会被端部、基础或内外温差引起的变形差异所约束。

ACI-207.2R 推荐 K_r 的估算公式[25]：

$$K_r = \frac{K_z}{1 + \frac{A_g E}{A_f E_f}} \tag{6.10}$$

式中，K_r 为约束程度；A_g 为混凝土断面的总面积；A_f 为约束构件断面面积；E 为混凝土弹性模量；E_f 为约束构建弹性模量；K_z 为中心断面的受拉约束度。

我国《大体积混凝土施工规范》（GB 50496—2018）[103] 推荐混凝土外约束的约束系数公式为：

$$R_t(t) = 1 - \frac{1}{\cosh\left(\sqrt{\frac{C_x}{BE(t)}} \times \frac{L}{2}\right)} \tag{6.11}$$

式中：L 为混凝土浇筑体长度（mm）；B 为混凝土浇筑体厚度，该厚度为块体实际厚度与保温层换算混凝土虚拟厚度之和（mm）；C_x 为外约束介质的水平变形刚度，C10 级以上配筋混凝土取 100~150。

6.3.3　混凝土徐变

混凝土不是理想弹性体，在荷载长时间作用下能够发生徐变。混凝土徐变产生的原因很复杂，可以归纳为以下几个主要原因：由于混凝土持续受到应力的作用，C-S-H 不断失去大量物理吸附水，混凝土表现出徐变变形；位于混凝土浆体细毛细管（<50μm）中由静水压力保持的水分发生了迁移；当应力水平大于极限 30%~40%时，界面过渡区微裂缝对徐变的促进作用；骨料的延迟弹性应变。已有研究表明，混凝土徐变变形横沟达到瞬时弹性变形的 1~3 倍甚至更大[163-164]。因此弹性状

态计算获得的结构变形和应力只能代表瞬时结构工作状态，要想了解结构整个工作历程的变形和应力就必须考虑材料的徐变[165]。

根据混凝土线性徐变理论和叠加原理，假定在同一时刻作用的应力与所引起的徐变预应力成正比。徐变不仅与混凝土龄期相关，也与荷载持续时间同样相关，并且服从某一时刻起，经历整个应力历程的各个变应力增量所导致的应变之和等于总的应变[23]。

$$\varepsilon(t) = \frac{\sigma(t)}{E(t)} - \int_{\tau_0}^{t} \sigma(\tau) \frac{\partial J(t, \tau)}{\partial \tau} d\tau + \varepsilon^0(t) \qquad (6.12)$$

$$J(t, \tau) = \frac{1}{E(\tau)} + C(t, \tau) \qquad (6.13)$$

$$\varphi(t, \tau) = C(t, \tau)E(\tau) \qquad (6.14)$$

式中：τ 为混凝土龄期；$J(t, \tau)$ 为龄期 τ 时对材料作用单位正应力（$\sigma=1$），经过 t 时间后的总应变，称为徐变柔度；$E(\tau)$ 为瞬时弹性模量；$C(t, \tau)$ 为徐变度，单位应力引起的时刻 t 的徐变；$\varepsilon^0(t)$ 为非应力变形。

桥梁工程和水工结构中分别使用徐变系数 $\varphi(t, \tau)$ 和徐变度 $C(t, \tau)$ 来分析徐变的影响，两者在概念上可以互推 [式（6.14）]，但采用了不同的表达形式，从而使得它们在分析徐变影响时有较大差别[166]。目前，通过大量长期试验，结合数值方法和计算机等手段，提出和改进了许多混凝土收缩徐变数学预测模型，目前常用的有 B-P 系列模型、B-S 系列模型、CEB—FIB 系列模型、ACI209 系列模型、GL2000 模型和 GZ（1993）模型等[125-167-169]。其中 CEB—FIB 混凝土结构模式规范是一部对相关设计规范起到重要基础性和指导性作用的规范，我国《公路钢筋混凝土及预应力混凝土桥涵设计规范》（JTG 3362-2018）[170] 就是参考的 CEB—FIB1990 徐变模型。

已有研究可知，混凝土受荷载并同时处于低相对湿度的环境中时，徐变应当包括基本徐变应变（没有干燥作用）和干燥徐变（干燥环境下，试件在荷载作用下的附加徐变）[171]。而 FIB2010 模型相较于 CEB—FIB1990，将徐变分为两个徐变系数的和形式，两个系数分别由代表若干影响因子的连乘形式组成，并同时对两个系数分别给出了相应的混凝土抗压强度影响因子和时间发展方程。模型按照徐变的基本特性，将徐变分为基本徐变和干燥徐变，修正了原有模型没有考虑基本徐变的问题，表示为[125]：

$$\varphi(t, \tau) = \varphi_{bc}(t, \tau) + \varphi_{dc}(t, \tau) \qquad (6.15)$$

式中：$\varphi_{bc}(t, \tau)$ 为基本徐变系数；$\varphi_{dc}(t, \tau)$ 为干燥徐变系数。

6.3.3.1 基本徐变系数

混凝土与外界没有湿度交换时的变形增加为基本徐变。假定：基本徐变与混凝土抗压强度和时间发展有关。模型中 $\varphi_{bc}(t, \tau)$ 表示混凝土抗压强度因子与时间发展方程的积，即：

$$\varphi_{bc}(t, \tau) = \beta_{bc}(f_{cm})\beta_{bc}(t, \tau) \qquad (6.16)$$

$$\beta_{bc}(f_{cm}) = \frac{1.8}{f_{cm}^{0.7}} \qquad (6.17)$$

$$\beta_{bc}(t, \tau) = \ln\left(\frac{30}{t_{0, adj}} + 0.035\right)^2 (t - \tau) + 1 \qquad (6.18)$$

$$t_{0, adj} = t_{0, T}\left(\frac{9}{2 + t_{0, T}^{1.2}} + 1\right)^{\theta} \geqslant 0.5 \qquad (6.19)$$

式中：$t_{0,adj}$ 为换算加载龄期；f_{cm} 为混凝土的立方体抗压强度标准值。

模型中 $\beta_{bc}(f_{cm})$ 随混凝土强度发展改变，时间发展方程 $\beta_{bc}(t, \tau)$ 与参数 $t_{0,adj}$ 有关，需考虑加载龄期、水泥品种、温度因素影响，以此反映加载时混凝土的成熟度。

6.3.3.2　干燥徐变系数

干燥徐变是混凝土随着时间不断干燥（水分不断减少）而产生的变形增加。与 CEB—FIB1990 模型相同，干燥徐变系数 φ_{dc} 表示为混凝土抗压强度因子 $\beta_{dc}(f_{cm})$、环境相对湿度因子 $\beta_{dc}(RH)$、换算加载龄期因子 $\beta_{dc}(\tau)$、时间发展方程因子 $\beta_{dc}(t, \tau)$ 的连乘形式：

$$\varphi_{dc}(t, \tau) = \beta_{dc}(f_{cm}) \cdot \beta_{dc}(RH) \cdot \beta_{dc}(\tau) \cdot \beta_{dc}(t, \tau) \qquad (6.20)$$

6.3.4　数学模型

混凝土在约束的条件下拉应力产生主要包括两部分：一部分由于降温产生的温度收缩，受到内部混凝土、相邻结构或基岩等约束，产生的温度应力；另一部分由于自身体积收缩、干缩等受到约束，产生的拉应力。混凝土应力受到温度的影响很大，在混凝土早期温升阶段，由于弹性模量很小，徐变系数很大，温升引起的压应力并不大，但在随后的降温阶段，弹性模量增大，受到内外降温速率及降温幅度的影响，混凝土表面会产生拉应力。此外，混凝土徐变受到温度、湿度的影响，研究表明[172] 相对湿度越低，混凝土徐变越大，温度在 21～71℃，温度越高，徐变越大。此外，随着混凝土强度发展，徐变发展速度缓慢，因此在评价混凝土抗裂性能时，要考虑温度、湿度、约束等因素的影响。

混凝土总应变为[23]：

$$\varepsilon(t) = \varepsilon_e(t) + \varepsilon_c(t) + \varepsilon_s(t) + \varepsilon_T(t) + \varepsilon_g(t) \qquad (6.21)$$

式中：$\varepsilon_e(t)$ 为应力产生的应变；$\varepsilon_c(t)$ 为徐变应变；$\varepsilon_s(t)$ 为混凝土干缩

应变；$\varepsilon_T(t)$ 为温度引起的应变；$\varepsilon_g(t)$ 为混凝土自生体积变形。$\varepsilon_e(t)$ 与 $\varepsilon_c(t)$ 为应力产生应变，$\varepsilon_s(t)$、$\varepsilon_T(t)$ 和 $\varepsilon_g(t)$ 与应力无关。

基于式 (6.1)、式 (6.6)，通过早龄期混凝土自收缩、温度、徐变对混凝土变形的影响，得应变公式：

$$\sigma = \frac{K_r}{(1+\varphi)}\left(\alpha_T \Delta TE + \frac{RT\ln H\rho_s V_p}{M_w(1-V_p)}\right) \tag{6.22}$$

$$\varepsilon = \frac{K_r}{(1+\varphi)}\left(\alpha_T \Delta T + \frac{RT\ln H\rho_s V_p}{EM_w(1-V_p)}\right) \tag{6.23}$$

式 (6.23) 两侧对 t 求导，则：

$$\frac{\partial \varepsilon}{\partial t} = \frac{K_r}{1+\varphi}\left(\alpha_T \frac{\partial T}{\partial t} + \frac{RT\rho_s V_p}{EM_w(1-V_p)} \cdot \frac{\partial \ln H}{\partial H} \cdot \frac{\partial H}{\partial t}\right) \tag{6.24}$$

将式 (2.5)、式 (5.17) 代入式 (6.23) 中，得：

$$\frac{\partial \varepsilon}{\partial t} = \frac{K_r}{1+\varphi}\left[\begin{array}{l} \alpha_T\left(\dfrac{\lambda}{\rho c}(\nabla^2 T + \dot{q} + PL)\right) + \\ \dfrac{RT\rho_s V_p}{EM_w(1-V_p)H}\left(D\,\nabla^2 H + \eta D\,\nabla^2 T + k\dfrac{\partial T}{\partial t} - \dfrac{\partial H_h}{\partial t}\right)\end{array}\right] \tag{6.25}$$

式中：∇^2 为拉普拉斯算子，$\nabla^2 = \dfrac{\partial^2}{\partial x^2} + \dfrac{\partial^2}{\partial y^2} + \dfrac{\partial^2}{\partial z^2}$。

由图 6-15、图 6-16 可知，水化阶段混凝土拉应变到达峰值开始减小时刻早于混凝土到达温度峰值开始减小时刻；湿度场湿度饱和期和湿度下降期的拐点时刻晚于混凝土到达温度峰值开始减小时刻。因此，根据温度、湿度、变形场分布变化特点，基于等效龄期概念，以湿度由饱和期与相对湿度下降拐点为分界点，提出多场耦合两阶段早龄期混凝土应变公式：

$$\varepsilon = 1 - \frac{V_c + V_w + V_h}{V_{ci} + V_{wi}} + \int_0^{t_{e2}}\left[\frac{K_r}{(1+\varphi)}\alpha_T\left(\frac{\lambda}{\rho c}(\nabla^2 T + \dot{q} + PL)\right)\right]\mathrm{d}t_e \quad H=1$$

$$\tag{6.26}$$

$$\varepsilon = \int_{t_{e2}}^{t_{e3}}\left\{\frac{K_r}{1+\varphi}\left[\begin{array}{l} \alpha_T(t_e)\left[\dfrac{\lambda}{\rho c}(\nabla^2 T + \dot{q} + PL)\right] + \\ \dfrac{RT\rho_s V_p}{E(t_e)M_w(1-V_p)H}\left(D\,\nabla^2 H + \eta D\,\nabla^2 T + k\dfrac{\partial T}{\partial t} - \dfrac{\partial H_h}{\partial t}\right)\end{array}\right]\right\}\mathrm{d}t_e \quad H<1$$

式中：t_{e2} 为到达混凝土湿度场湿度饱和期和湿度下降期的拐点时刻的等效时间 (h)；t_{e3} 为混凝土降温任意时刻等效时间 (h)。

6.4　内埋热源早龄期混凝土应力场数值模拟

6.4.1　内埋热源混凝土应力场数值模型

在第 3 章和第 5 章中混凝土温湿度场耦合计算模型基础上，根据 6.3.4 节提出的多物理场耦合两阶段混凝土应变公式，通过在 COMSOL 中添加"固体力学"分析模块，修正模块原有默认控制方程，建立内埋热源早龄期混凝土热—湿—力耦合计算模型。应力场中所涉及的参数见表 6-2。混凝土柱地面施加竖直方向约束，相邻两条边分别施加垂直于边的水平方向约束，确保混凝土柱所受约束既满足实际情况，又不至于因为底面约束而改变混凝土柱整体受力规律。

表 6-2　应力场模型参数

参数名称	参数值
弹性模量 E/Pa	$E = E_{28} \cdot \left[\exp^{S \cdot \left(1 - \sqrt{\frac{672}{t_e - t_0}}\right)} \right]^{n_E}$
抗拉强度 f_t/Pa	$f_t = f_{t28} \cdot \left[\exp^{S \cdot \left(1 - \sqrt{\frac{672}{t_e - t_0}}\right)} \right]^{n_t}$
28 天混凝土弹性模量 E_{28}/GPa	32.5
28 天混凝土抗拉强度 f_t/MPa	3.5
水泥品种相关材料参数 S	0.2
混凝土强度开始发展时刻 t_0/h	6
n_t	0.59
n_E	0.37
膨胀系数 $\alpha_T/\text{K-1}$	$\alpha_T(t_e) = \alpha_k \cdot (1 + 41 \cdot t_e^{-m})$ [56]
m	2
28d 的热膨胀系数 $\alpha_k/\text{K-1}$	8×10^{-6}
泊松比 v	0.2
毛细压力 σ_c/Pa	$\sigma_c = \dfrac{RT \ln \varphi_w v}{M(1 - v)}$
v	0.15

6.4.2 模型有效性验证

以试验数据为依据，将数值模拟结果进行整理，与试验测点结果进行对比分析，用来标定数值模型，以满足进行后续研究的精度要求。对比试验试件实测变形数据与数值模型计算结果对比曲线如图 6-17 所示。从图中可以看出，计算模型与实测数据吻合度较高，尤其在内埋热源加热期间变化规律大致相同。计算模型计算结果产生偏差的原因主要是对混凝土柱温度场试验块外侧包裹保温层传热系数的等效精度、应变公式中温度精度，以及徐变系数中参数选取等累积产生。

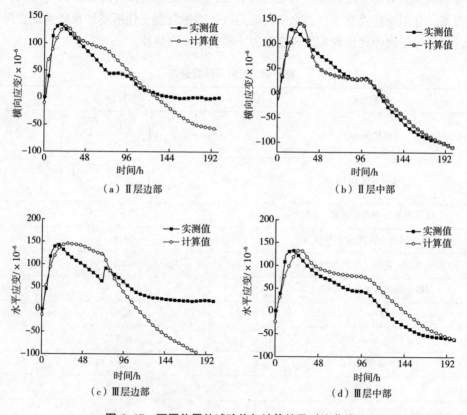

图 6-17 不同位置处试验值与计算结果对比曲线

6.4.3 内埋热源混凝土力学特征分析

6.4.3.1 弹性模量和抗拉强度

浇筑 12 个 150mm×150mm×300mm 的棱柱体试验块，进行混凝土早期静弹性模量试验。试验包括 3 天、7 天、14 天、28 天等 4 个龄期，每个龄期 3 个试件。比较试验结果与式（6.10）弹性模量计算结果如图 6-18 所示，可以看到试验结果与模型基本一致。

　　数值模拟试验得到混凝土试验柱表面各点抗拉强度变化曲线如图 6-19 所示，从图中可以看出，混凝土早期抗拉强度随龄期发展趋势与弹性模量相似，在 1~3 天发展迅速，其中表面（$z=0.75m$）处抗拉强度由第一天的 2.51MPa 发展到第 3 天的 3.31MPa，3 天后抗拉强度发展趋缓，到龄期 14 天时发展为 3.38MPa，龄期 28 天时发展至 3.42MPa。此外其他表面抗拉强度由于温度的影响，水化速度较表面（$z=0.75m$）处发展缓慢，其中底部抗拉强度发展最为缓慢，第 3 天的抗拉强度为 2.95MPa，龄期 14 天时发展为 3.21MPa，龄期 28d 时发展至 3.33MPa。

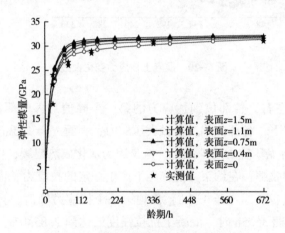

图 6-18　弹性模量随龄期的变化曲线

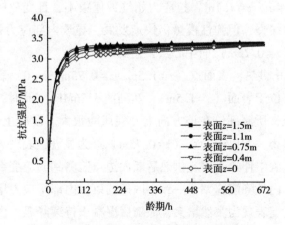

图 6-19　抗拉强度随龄期的变化曲线

6.4.3.2 应力场分布变化规律

通过整理上述计算模型数值计算结果，得到混凝土早龄期不同养护时间下混凝土柱表面横向应力分布规律如图 6-20 所示，从图中可以看出，混凝土柱表面各点在浇筑后 0~360h 应力发展趋势大致经历三个阶段。

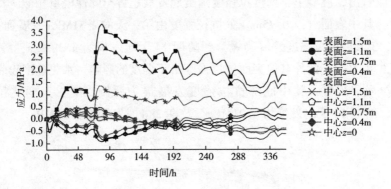

图 6-20 混凝土柱应力变化曲线

在浇筑后 5h 左右，各部位到达应力的第一个峰值点，内部混凝土受热膨胀，在相互约束的情况下，各部位均产生较大压应力，表面（$z=1.5$m）处压应力最大。

随后 5~72h 各点压应力逐渐减小，这是因为水化放热趋缓，内部温度下降使得各部位混凝土冷却收缩，在约束力的作用下产生一定的拉应力，混凝土降温收缩更显著。因此 35h 左右顶部（$z=1.5$m）出现第一个拉应力峰值，且拉应力最大，约 1.33MPa，由于龄期 36.5h 时，混凝土抗拉强度已达到 2.85MPa，因此所测部位在该方向上开裂风险很小。除以上分析 3 个测点在 13.5~72h 维持了一段拉应力外，表面（$z=0$，$z=0.4$m，$z=1.1$m）拉应力始终数值很小，且变化缓慢。虽然这一阶段混凝土应变发展缓慢，但弹性模量仍快速发展，导致内部应力持续增大，72h 内最大压应力位于（$z=0.75$m）面中心点，达到 0.56MPa。

72h 伴热带停止供热，表面点（$z=1.5$m，$z=0.75$m，$z=0$）表现为拉应力快速增加，最大拉应力位于表面（$z=1.5$m），达到约 3.86MPa，此时，混凝土抗拉强度为 3.25MPa。因此，所测部位在该方向上开裂风险很大。混凝土内部中心点，72h 后均表现为应力减小，尤以中心点（$z=0.75$m）最为显著，表现为压应力迅速增加后，这也反映了试验中伴热带停止供热后断面边点监测到的应变突然变大的根本原因，停止供电后，内外降温速率不一致，内外约束，内部压应力增加加大了表面拉应力，使得表面应变表现为突然增大，但随后混凝土持续降温，内外降温速率较接近，混凝土各点表现为应力缓慢减小。

6.5　宏观和微观尺度内埋热源早龄期混凝土抗裂性

内埋热源混凝土温湿度、应力及变形最重要的研究意义在于内埋热源是否会导致混凝土开裂，引起混凝土抗裂性能的变化。通过以上研究发现，采用内埋热源的方法，可以在加热期间在混凝土构件内营造出较均匀的温度场。但同时存在热源与混凝土之间存在较大温差，伴热带停电时刻浅层混凝土会出现温度急剧下降，相对湿度场随温度下降而减小等情况。

因此，本章基于多尺度手段对内埋热源混凝土早期开裂风险进行研究，通过有限元模拟研究关键物理参数对宏观尺度混凝土抗裂性的影响；基于微观试验，通过热源对混凝土微观表征的影响，研究热源对混凝土抗裂性能的作用机理。

6.5.1　宏观尺度混凝土抗裂评价指标

文献[24] 对大量混凝土抗裂性指标进行比较后，提出不同的评价指标对抗裂性结果的判断影响非常显著，并且很多评价指标是建立在特定龄期单项性能参数以及绝热温升试验的基础上，忽视设计结构混凝土的约束程度和温度历程的差异。采用研究项目 Improved Production of Advanced Concrete Structure （IPACS）的开裂风险系数 η 评价混凝土的抗裂性，见式（6.27）。通过混凝土拉应力 $\sigma_t(t)$、抗拉强度 $f_t(t)$ 全面反映龄期、温度、湿度、徐变等因素的影响。开裂系数越小，混凝土抗裂性能越高。目前该方法已经用于国内大坝温控的很多项目中混凝土抗裂性能的评价，取得较好的成果。

$$\eta = \frac{\sigma_t(t)}{f_t(t)} \tag{6.27}$$

式中：$\sigma_t(t)$ 为混凝土拉应力（MPa）；$f_t(t)$ 为混凝土抗拉强度（MPa）。

开裂风险系数 η 通过量化手段评价混凝土的开裂风险，根据其自身物理意义及众多规范和试验的总结，混凝土抗裂性的评价标准如下：

当 $\eta > 1$ 时，混凝土已经开裂；

当 $\eta = 1$ 时，混凝土处于开裂临界状态；

当 $0.7 < \eta < 1$ 时，混凝土开裂的可能性很大；

当 $\eta < 0.7$ 时，混凝土开裂的可能性不大。

6.5.2　混凝土宏观尺度抗裂关键物理参数灵敏性分析

基于表 3-14 中的基本参数，采用 6.4.1 节计算模型，研究热、环境、材料等参数对混凝土应力、开裂风险变化的影响。

导热系数分别选取 8kJ/(m·h·K)、10kJ/(m·h·K)、12kJ/(m·h·K) 时，混凝土表面应力和开裂风险，如图 6-21 所示。从图中可以看出，导热系数增加，表面水平向最大拉应力和开裂风险都会减小，减小情况见表 6-3。

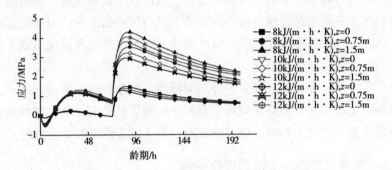

图 6-21　导热系数改变引起的应力变化

表面放热系数分别为 10kJ/(m²·h·℃)、15kJ/(m²·h·℃)、20kJ/(m²·h·℃) 时，混凝土表面应力和开裂风险变化，如图 6-22 和图 6-23 所示。从图中可以看出，底部（$z = 0m$）处，随表面放热系数增大，表面水平最大拉应力、开裂风险增大，而中部（$z = 0.75m$）和顶面（$z = 1.5m$）处则表现为表面放热系数取 20kJ/(m²·h·℃) 时的拉应力及开裂风险最低。

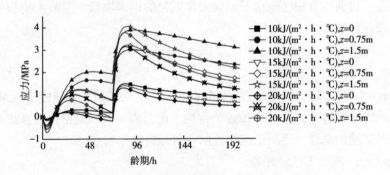

图 6-22　表面放热系数改变引起的应力变化

环境温度分别选取 -20℃、-10℃、0℃ 时，混凝土表面应力和开裂风险变化，如图 6-24 和图 6-25 所示。从图中可以看出，随环境温度降低，表面水平向最大拉应力和开裂风险都会增大，减小情况见表 6-3。因此，可知降低环境温度，降低了各点的拉应力值，降低了开裂风险。

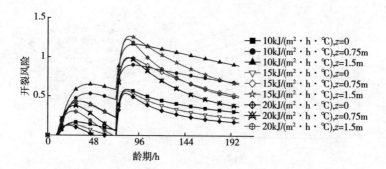

图 6-23　表面放热系数改变引起的开裂风险变化

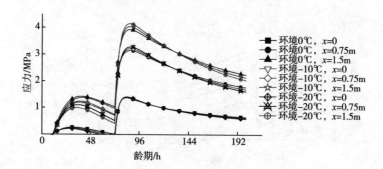

图 6-24　环境温度改变引起的应力变化

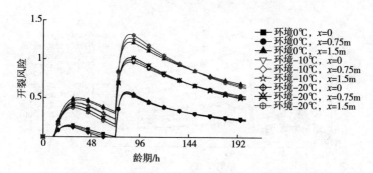

图 6-25　环境温度改变引起的开裂风险变化

混凝土入模温度分别取 5℃、10℃、15℃时，混凝土表面应力和开裂风险变化，如图 6-26 和图 6-27 所示。从图中可以看出，提高入模温度，降低了各点的拉应力值，降低了开裂风险。

热源温度分别选取 45℃、65℃、85℃时，混凝土表面应力和开裂风险变化，如图 6-28 和图 6-29 所示。从图中可以看出，热源温度越高，各点的拉应力值越大，开裂风险越高，开裂增量见表 6-3。因此，合理选择热源温度至关重要。

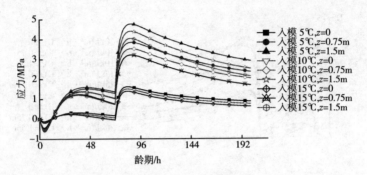

图 6-26　入模温度改变引起的应力变化

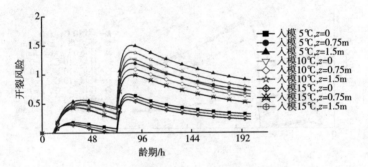

图 6-27　入模温度改变引起的开裂风险变化

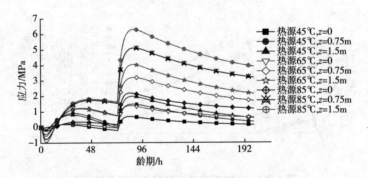

图 6-28　热源温度改变引起的应力变化

　　加热时间分别为 1 天、3 天、7 天时，混凝土表面应力和开裂风险变化，如图 6-30 和图 6-31 所示。从图中可以看出，加热时间越长，各点的拉应力值越大，开裂风险越高，开裂增量见表 6-3。这与混凝土弹性模量的发展有密切的关系，养护时间越长弹性模量越大，徐变越小，混凝土降温后应力值越大，因此，合理选择加热时间至关重要。

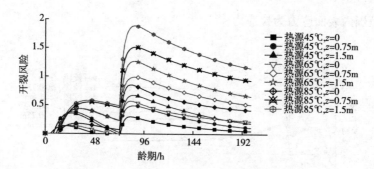

图6-29　热源温度改变引起的开裂风险变化

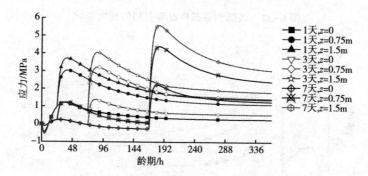

图6-30　加热时间改变引起的应力变化

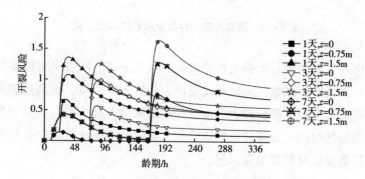

图6-31　加热时间改变引起的开裂风险变化

端部铰接与嵌固（100%约束）两种端部条件下，混凝土表面应力和开裂风险变化，如图6-32和图6-33所示。从图中可以看出，底部端约束程度越高，底部端表面拉应力值越大，开裂风险越高，开裂增量见表6-3。但对中部和上部影响不大，这与混凝土试件高宽比有密切的关系，高宽比越大上部拉应力越小，也就是端部约束对其应力影响的程度越小。有研究表明当高宽比为1时，只有下部$0.7H$（H

为柱高）范围内表面应力为拉应力[23]。

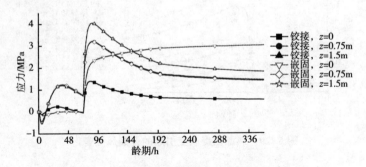

图 6-32　端部约束条件改变引起的应力变化

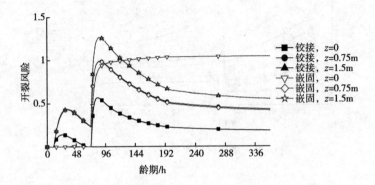

图 6-33　端部约束条件改变引起的风险变化

　　各影响因素引起的混凝土最大开裂风险，见表 6-3。从表中可以看到，减小导热系数，增大表面放热系数，降低环境温度，降低入模温度，提高热源温度，加长加热时间，提高约束程度都会加大混凝土开裂的风险，其中提高约束程度、热源温度和加长热源加热时间对开裂风险的影响最大。因此，停止供电和拆除模板后，混凝土表面要覆盖保温材料要加强保温。

表 6-3　关键参数变化引起的最大开裂风险变化

参数	参数值	位置	最大拉应力/MPa	最大开裂风险	开裂风险增量/%
导热系数/$(kJ \cdot m^{-1} \cdot h^{-1} \cdot K^{-1})$	8（对比参数）	$z = 0$	1.49	0.6	+3
		$z = 0.75m$	3.53	1.09	+10
		$z = 1.5m$	4.3	1.35	+8

续表

参数	参数值	位置	最大拉应力/MPa	最大开裂风险	开裂风险增量/%
导热系数/$(kJ \cdot m^{-1} \cdot h^{-1} \cdot K^{-1})$	10（基础参数）	$z=0$	1.39	0.57	—
		$z=0.75m$	3.21	0.99	—
		$z=1.5m$	4.04	1.27	—
	12（对比参数）	$z=0$	1.3	0.54	−3
		$z=0.75m$	2.95	0.91	−8
		$z=1.5m$	4.3	1.35	+8
表面放热系数/$(kJ \cdot m^{-2} \cdot h^{-1} \cdot K^{-1})$	10（对比参数）	$z=0$	1.47	0.59	+2
		$z=0.75m$	3.01	0.9	−9
		$z=1.5m$	3.88	1.17	−10
	15（基础参数）	$z=0$	1.39	0.57	—
		$z=0.75m$	3.21	0.99	—
		$z=1.5m$	4.04	1.27	—
	20（对比参数）	$z=0$	1.28	0.54	−3
		$z=0.75m$	3.14	0.99	0
		$z=1.5m$	3.77	1.23	−4
环境温度/℃	0（对比参数）	$z=0$	1.38	0.56	−1
		$z=0.75m$	3.15	0.96	−3
		$z=1.5m$	3.93	1.22	−5
	−10（基础参数）	$z=0$	1.39	0.57	—
		$z=0.75m$	3.21	0.99	—
		$z=1.5m$	4.04	1.27	—
	−20（对比参数）	$z=0$	1.4	0.58	+1
		$z=0.75m$	3.28	1.02	+3
		$z=1.5m$	4.15	1.32	+5
入模温度/℃	5（对比参数）	$z=0$	1.62	0.66	+4
		$z=0.75m$	3.85	1.2	+11
		$z=1.5m$	4.77	1.5	+12
	10（基础参数）	$z=0$	1.5	0.62	—
		$z=0.75m$	3.53	1.09	—
		$z=1.5m$	4.41	1.38	—

续表

参数	参数值	位置	最大拉应力/MPa	最大开裂风险	开裂风险增量/%
入模温度/℃	15（对比参数）	$z=0$	1.39	0.57	−5
		$z=0.75m$	3.21	0.99	−10
		$z=1.5m$	4.04	1.27	−11
热源温度/℃	45（对比参数）	$z=0$	0.69	0.3	−24
		$z=0.75m$	1.48	0.49	−5
		$z=1.5m$	1.99	0.67	−6
	65（基础参数）	$z=0$	1.39	0.57	—
		$z=0.75m$	3.21	0.99	—
		$z=1.5m$	4.04	1.27	—
	85（对比参数）	$z=0$	2.2	0.86	+9
		$z=0.75m$	5.11	1.51	+52
		$z=1.5m$	6.31	1.88	+61
加热时间/天	1（对比参数）	$z=0$	1.22	0.67	+10
		$z=0.75m$	3.03	1.08	+9
		$z=1.5m$	3.71	1.36	+9
	3（基础参数）	$z=0$	1.39	0.57	—
		$z=0.75m$	3.21	0.99	—
		$z=1.5m$	4.04	1.27	—
	7（对比参数）	$z=0$	2.23	0.76	+19
		$z=0.75m$	4.39	1.28	+29
		$z=1.5m$	5.59	1.64	+37
端部约束	铰接（基础参数）	$z=0$	1.39	0.57	—
		$z=0.75m$	3.21	0.99	—
		$z=1.5m$	4.04	1.27	—
	嵌固（100%约束）（对比参数）	$z=0$	3.34	1.04	+47
		$z=0.75m$	3.2	0.99	0
		$z=1.5m$	4.04	1.27	0

6.5.3　内埋热源早龄期混凝土微观试验

已有研究表明[173-175]，水化早期，较高的硫酸盐/铝离子比值有利于形成三硫型水化硫铝酸钙 $C_6\overline{A}S_3H_{32}$，即钙矾石（AFt）。在普通硅酸盐水泥浆体里，钙矾石最终转化为单硫型水化物 $C_4\overline{A}SH_{18}$，即（AFm）。而钙矾石（AFt）在温度高于 60~70℃时不稳定，会分解为单硫型水化硫铝酸钙（AFm），制品冷却到室温后，AFm 重新生成钙矾石。钙矾石对混凝土早期凝结、硬化等性能有重要作用，但如果混凝土在硬化后继续形成大量钙矾石，则水泥浆体会因体积膨胀引起混凝土的开裂，导致混凝土强度丧失。由于此时混凝土已经硬化，膨胀性的钙矾石将在其内部产生应力，并最终可能导致混凝土开裂。因此有必要就伴热带温度对混凝土材料场微观结构的作用影响进行研究，为优化该冬季施工方法提供依据。从微观表征角度，利用扫描电子显微镜（SEM）和 X 射线衍射（XRD）手段对埋有低温型伴热带混凝土微观表征进行研究。

（1）原材料和配合比

采用沈阳盾石牌 P·O 42.5 硅酸盐水泥，主要化学组成，见表 6-4。水为蒸馏水，水灰比为 0.42。伴热带采用中国江苏天泰阳工科研究有限公司 ZRDXW/J 型自限温低温基本型伴热带，伴热带宽度为 12mm，伴热带功率 25W/L，表面最高维持温度（65±5）℃。

表 6-4　水泥化学组成

成分	SiO_2	Al_2O_3	Fe_2O_3	CaO	MgO	SiO_3	R_2O	其他
比例/%	23.2	4.6	3.6	62.6	2.58	2.12	0.4	0.9

（2）试件制作、养护制度及微观结构分析方法

模拟冬季试验柱 2 埋入自限温伴热带后内部温度变化条件，观察伴热带周围混凝土及其他部位混凝土微观形态变化。浇注 150mm×150mm×150mm 试验块，如图 6-34 所示。养护制度见表 6-5，将内埋伴热带试验块放于恒温 50℃、相对湿度（95±3）%养护环境养护，50℃养护 3 天后，放入-10℃、相对湿度（30±3）%的恒温保温箱中，龄期到达 28d 取出置于恒温 20℃、相对湿度（30±3）%保温箱中养护至 180d 龄期。分别取龄期为 3h、6h、1 天、3 天、7 天、28 天、60 天、180 天的不同养护环境的四组试验块，敲碎后置于研钵器中研磨，磨至无颗粒感后，用日本岛津 X 射线衍射仪 MAXima_XXRD-7000（S/L）和日立扫描电镜 Hitachi-S4800 进行样品物相组成和形貌分析。

图 6-34 混凝土试验块

表 6-5 养护制度及样品位置

试验块序号	养护制度			取样位置
	0~3 天	3~28 天	28~180 天	
1	50℃ 相对湿度 95%	-10℃ 相对湿度 30%	20℃ 相对湿度 30%	与伴热带接触处
2	50℃ 相对湿度 95%	-10℃ 相对湿度 30%	20℃ 相对湿度 30%	距离伴热带 2mm 处
3	50℃ 相对湿度 95%	-10℃ 相对湿度 30%	20℃ 相对湿度 30%	距离伴热带 10mm 处
4	50℃ 相对湿度 95%	-10℃ 相对湿度 30%	20℃ 相对湿度 30%	与试模接触处

6.5.4 试验结果

6.5.4.1 XRD（X 射线衍射）试验结果

对比相同龄期试验块 1 与试验块 3 中钙矾石（AFt）和单硫型水化硫铝酸钙（AFm）的特征衍射峰，如图 6-35 所示。

从图 6-35 中可以观察到，试验块 1 钙矾石（AFt）的特征衍射峰强度弱于试验块 3，而单硫型水化硫铝酸钙（AFm）的特征衍射峰则正好相反。这说明伴热带作用下，龄期 3h 后，钙矾石持续转化为单硫型水化硫铝酸钙。这与已有研究表述的钙矾石在温度高于 60~70℃时成为不稳定相，分解为单硫型水化硫铝酸钙是一致的。

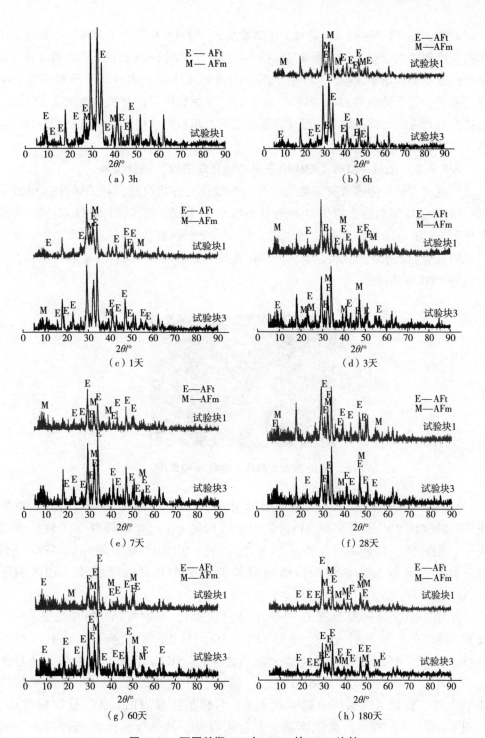

图 6-35 不同龄期 AFt 与 AFm 的 XRD 比较

此外，尽管试验块 1AFt 含量少于试验块 3，但直至龄期为 3 天时，试验块 1AFt 的特征衍射峰仍没有消失［图 6-35（d）］，且试验块 1AFt 的特征衍射峰在各个龄期始终没有明显增多或减少。随后，试验块-10℃冷冻至龄期 7 天，重新恢复 20℃ 常温养护，直至龄期为 180d ［图 6-35（h）］。试验结果没有明显表现出 AFt 的特征衍射峰增多或增强，即养护温度升至常温后，单硫型水化硫铝酸钙（AFm）不会再次形成钙矾石（AFt）。

6.5.4.2 SEM—EDS（扫描电子显微镜及能谱仪）试验结果

为进一步研究伴热带对混凝土水化产物变化的作用机理，对试样进行 SEM 检测。龄期为 3h 试验块 2 的 SEM 检测结果如图 6-36 所示。从图中可以看到，伴热带作用下已有 AFt 细纤维凝胶状出现，并均匀分布在絮状 C—S—H 浆体中，这可以说明高温加速水泥水化促进水化产物的生成。试验块 3、试验块 4 硬化不够，没有取得 SEM 检测结果。

图 6-36 试验块 2 龄期 3h 电镜图

龄期为 6h 试验块 SEM 检测结果如图 6-37 所示。从图中可以看到，试验块 1、试验块 2 中很难发现 AFt，其中，试验块 1（与伴热带直接接触）表现为网状凝胶体，试验块 2（距伴热带 2mm 处）中的六角形薄片状 AFm 开始稳定存在，且数量逐渐增长，被凝胶簇拥或分布在凝胶缝隙中，EDS 测定为 AFm。

此外，EDS 分析发现在 C—S—H 凝胶状水化产物中，固溶有约 2.2% 的硫和 1.9% 的铝，说明 AFt 分解为 AFm、SO_4^{2-} 和 Al^{3+}，且被 C—S—H 凝胶所吸收，此外，有独特的六角棱形大块晶体 Ca（OH）$_2$ 出现。试验块 3（与伴热带相距 10mm 处），如图 6-37（c）所示，在细纤维状 C—S—H 组成的浆体中出现长针状 AFt 晶体。试验块 4（在与模板接触表面）AFt 呈现短柱状，如图 6-37（d）所示，在浆体断面上也可看见一些 AFt 晶体的端部露出，形成点状突起。

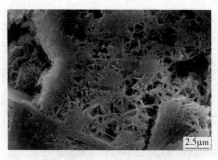
（a）试验块1（与伴热带直接接触）

（b）试验块2（距伴热带2mm）

（c）试验块3（距伴热带10mm）

（d）试验块4（与试模接触）

图 6-37 6h 龄期试验块电镜图

龄期 1 天试验块 SEM 检测结果如图 6-38 所示。从图中可以看到，与伴热带直接接触的试验块 1 表现为更为致密的凝胶体，而不与伴热带直接接触的试验块 2 六角形薄片状 AFm 稳定存在，含量继续增长，被凝胶簇拥或分布在凝胶缝隙中。试验块 3 （距伴热带 10mm 处）表现为，在纤维状 C—S—H 组成的浆体中出现更为粗壮的长针柱状 AFt 晶体，如图 6-38 （c） 所示，而与模板直接接触的试验块 4 表现为表面纤维状 C—S—H 开始向网状变动，钙矾石呈现长柱状，但相对试验块 3 钙矾石分布较少，如图 6-38 （d） 所示。

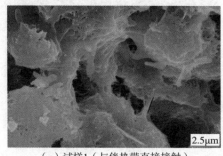
（a）试样1（与伴热带直接接触）

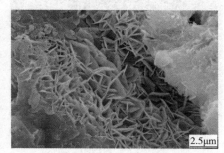
（b）试样2（距伴热带2mm）

图 6-38

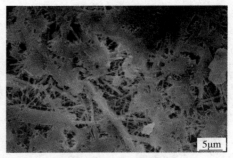

（c）试样3（距伴热带10mm）　　　　　（d）试样4（与试模接触）

图6-38　1天龄期试验块电镜图

　　龄期为3天试验块SEM检测如图6-39所示。从图中可以看到，与伴热带直接接触试验块1表现为更为致密的凝胶体，而试验块2六角形薄片状AFm稳定存在，含量逐渐增长，被凝胶簇拥或分布在凝胶缝隙中，且没有出现新相。试验块3、试验块4如图6-39（c）和图6-39（d）所示，图中可以看出浆体结构越加致密，大片C—S—H呈现网状，部分AFt以微晶形式混杂于C—S—H凝胶中，难以分辨，并且在C—S—H凝胶缝中出现片状晶体AFm。

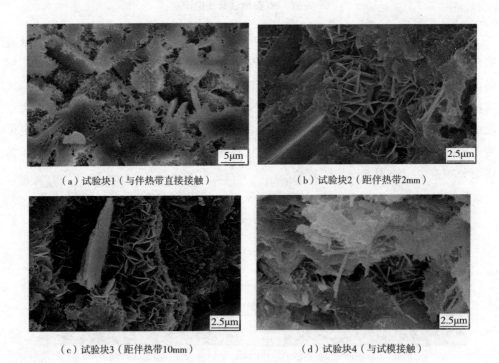

（a）试验块1（与伴热带直接接触）　　　　　（b）试验块2（距伴热带2mm）

（c）试验块3（距伴热带10mm）　　　　　（d）试验块4（与试模接触）

图6-39　3天龄期试验块电镜图

齡期 3 天后温度降至-10℃，齡期 7 天试验块的 SEM 检测结果如图 6-40 所示。从图中可以看到，试验块 1、试验块 2 齡期 7 天时呈现出大片网络状的凝胶，六方板片状 AFm 中出现接近圆形的零星 AFm。试验块 3、试验块 4 浆体结构更加致密，AFt 呈现短柱状和长针状，并且发现越来越多片状晶体 AFm。

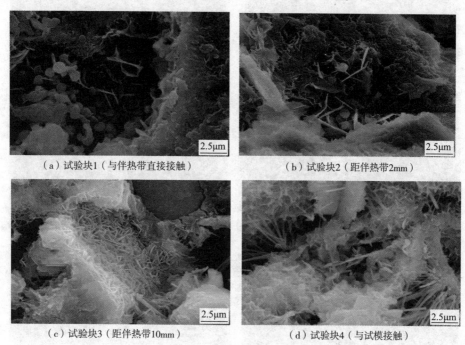

（a）试验块1（与伴热带直接接触）　　（b）试验块2（距伴热带2mm）

（c）试验块3（距伴热带10mm）　　（d）试验块4（与试模接触）

图 6-40　7 天龄期试验块电镜图

齡期为 28 天试验块 SEM 检测结果如图 6-41 所示。从图中可以看到，由于经历长时间低温冷冻，试验块呈现干枯苍白的形貌，AFm 形态明显缺损，可以看到非常清晰的网络状凝胶，在某些凝胶空隙中发现椭圆形颗粒。试验块 3、试验块 4 可以看到微裂缝，在裂缝中可见被 C—S—H 包围着的长针状 AFt，在浆体断面上也可看见一些 AFt 晶体，以及片状 AFm 晶体。

28 天后试验块在 20℃环境下养护，齡期为 60 天试验块 SEM 检测结果如图 6-42 所示。从图中可以看到，试验块 1 主要呈现为凝胶态，但一簇簇的 AFt 从 C—S—H 凝胶中重新生成如图 6-42（a）所示。试验块 2 仍然分布有 AFm 如图 6-42（b）所示，并可以发现少量微小的 AFt 晶体颗粒出现在 C—S—H 凝胶上，即 AFt 已经开始再次生成，此时浆体结构仍很致密，未见 AFt 膨胀所导致的裂缝。这表明浆体的抗拉强度仍大于 AFt 产生的膨胀应力。试验块 3、试验块 4 浆体可以看到更加致密的凝胶浆体、柱状和长针状 AFt 和片状晶体 AFm。

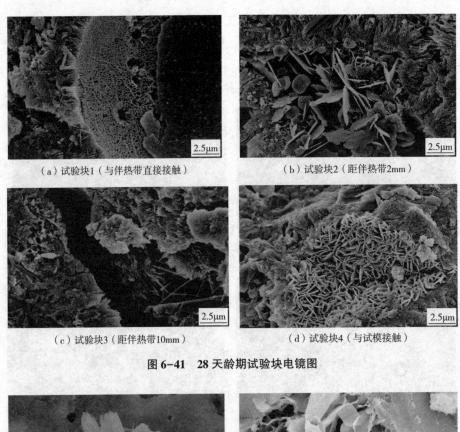

（a）试验块1（与伴热带直接接触）　　　　（b）试验块2（距伴热带2mm）

（c）试验块3（距伴热带10mm）　　　　（d）试验块4（与试模接触）

图 6-41　28 天龄期试验块电镜图

（a）试验块1（与伴热带直接接触）　　　　（b）试验块2（距伴热带2mm）

（c）试验块3（距伴热带10mm）　　　　（d）试验块4（与试模接触）

图 6-42　60 天龄期试验块电镜图

齢期为 180 天试样 SEM 检测结果如图 6-43 所示。从图中可以看到，试验块 1、试验块 2 主要表现为凝胶态伴有 AFm，并可以发现少量微小的 AFt 晶体分散在 AFm 群中如图 6-43（a）所示，此时浆体结构仍很致密，未见因 AFt 膨胀所导致的裂缝。试验块 3、试验块 4 可以看到更加致密的凝胶浆体，如图 6-43（c）、图 6-43（d）所示，柱状和长针状 AFt 和片状晶体 AFm。这是因为养护温度高，C—S—H 凝胶吸附能力强，AFt 分解生成的 AFm、Al^{3+} 和 SO_4^{2-}，被 C—S—H 凝胶强烈吸附，降温后脱附相对较为困难，重新转化为 AFt 的过程较慢。

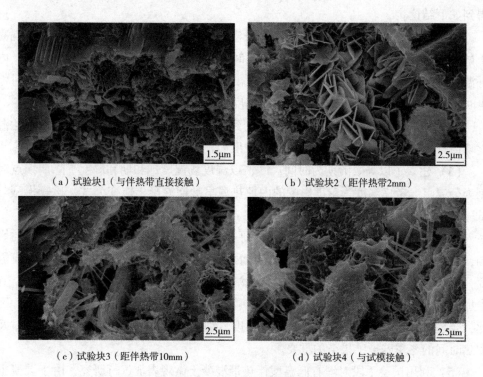

（a）试验块1（与伴热带直接接触）　　　　　（b）试验块2（距伴热带2mm）

（c）试验块3（距伴热带10mm）　　　　　（d）试验块4（与试模接触）

图 6-43　180 天龄期试验块电镜图

综合以上研究可以发现，伴热带加温会促进伴热带周围水泥水化加速，与伴热带直接接触混凝土主要为致密凝胶态，但在冷冻重新升至室温养护 30d 后，伴热带表面及高温养护区域内（2~3mm）混凝土会产生延迟钙矾石的现象。

伴热带用于冬季混凝土施工养护，混凝土加热养护后还要经历长时间的低温养护期，该阶段混凝土水化缓慢，没有延迟钙矾石现象，待温度升高后，混凝土龄期已达数月，如能控制钙矾石生成量在一个合适的程度，则其产生的膨胀应力可补偿混凝土后期的干缩，但如果生成钙矾石大量，则使混凝土开裂，因此控制二次钙矾石的生成量十分重要。由于生成钙矾石需要大量的水分和硫元素，因此调整水泥的化学组成和硬化混凝土内部湿度是控制二次钙矾石生成量的重要因素。

6.6　小结

本章通过混凝土变形试验，基于早龄期混凝土多场耦合作用机理，提出混凝土应变公式，开展了应力场分布变化规律研究；通过有限元模拟研究关键物理参数对混凝土抗裂性能的影响；基于微观试验，研究热源对混凝土抗裂性能的作用机理，得到如下结论：

（1）通过混凝土变形试验，发现在升温和温度相对稳定阶段，内埋伴热带混凝土试验柱内外变形基本一致。伴热带停电时，由于表面温度降低速率突然加大，内外温差引起混凝土内外约束，混凝土表现出表面拉应变快速增加，因此，要针对停电时刻，加强保温层作用，减小该时刻温度降低速率。

（2）研究发现水化阶段混凝土拉应变到达峰值开始减小时间早于混凝土到达温度峰值开始减小时间。因此，早期混凝土化学收缩对混凝土变形的作用不能忽略。

（3）建立了以等效龄期为时间尺度，以湿度场湿度饱和期和湿度下降期拐点时刻为分界点，考虑温度、湿度影响的内埋热源早龄期混凝土应变公式，比较模型与试验结果，吻合度较高。

（4）基于提出的混凝土应变公式，研究模型关键参数对混凝土开裂风险的影响，研究表明，减小导热系数，增大表面放热系数，降低环境温度，降低入模温度，提高热源温度，延长加热时间，加强端部约束都会加大混凝土开裂的风险，其中加强端部约束、提高热源温度和加长热源加热时间对开裂风险的影响最大。因此，合理选择相关设计参数，提高入模温度，加强保温作用，选择合理热源材料及加热时间的冬季养护结果至关重要。

（5）利用试验手段对埋有低温型伴热带混凝土微观表征进行研究，由于混凝土构件整体温度低于60℃，混凝土作为热的不良导体，只有伴热带表面区域温度受到60~70℃的影响。因此，测得混凝土只在伴热带表面发生延迟钙矾石现象，没有造成混凝土开裂。

第7章 结论与展望

7.1 结论

本书以内埋热源混凝土为研究对象，通过试验研究了冬季内埋热源早龄期混凝土温度、湿度、变形分布变化特性，并通过理论推导研究了内埋热源早龄期混凝土热传导计算方法及热传递机制。通过试验及理论推导研究了水分传递计算方法及传湿机制。基于热湿耦合研究了内埋热源混凝土抗裂特性，并通过试验及理论推导研究了内埋热源混凝土变形，得到以下主要结论：

（1）改进了伴有热源放热的混凝土非稳定温度场的控制方程。自限温伴热带与水化放热可以有效影响混凝土热能变化速率，引起热能改变。本书考虑了影响温度场的内外条件，改进了伴有热源放热的混凝土非稳定温度场的控制方程，研究表明该方程可有效考虑计算区域内变功率热源放热及水泥水化的不同步放热。

（2）通过室外混凝土柱内埋伴热带养护试验得到了内部温度变化分布的规律。受伴热带影响，水化基本结束后温度总体缓慢下降，速度在 0.12～0.18℃/h；边部受伴热带影响温度高于混凝土试件中心温度，但两者温差较小，在 1～4℃内；基于提出的非稳态控温方程和试验结果建立数值模型，发现入模温度、导热系数、表面放热系数、环境温度、热源温度、热源加热时间等参数都能够有效影响混凝土温度场的分布变化。

（3）分析内埋热源早龄期混凝土水分迁移影响因素，得出早龄期混凝土自干燥、湿度梯度及温度变化是引起混凝土内部水分形式改变和水分分布变化的主要原因。基于内埋热源早龄期混凝土水分分布试验，发现伴热带埋深小于75mm将显著影响构件表面含水率。通过自干燥试验，发现提高混凝土养护温度能够缩短相对湿度开始减小的时间，水化结束后，当不与外部进行传质交换及不改变养护温度时，相对湿度基本不发生变化。比较空间温度梯度和温度变化率对混凝土相对湿度的影响，结果表明，空间温度梯度对水分的驱动极其微小，而相对湿度随温度变化非常显著。

（4）修正湿热系数计算模型及水分运动计算模型。分析索瑞特试验结果，发现了升温阶段的湿热系数略大于降温阶段。因此，考虑温度变化趋势的影响，对已有湿热系数计算模型进行修正，提出两阶段计算模型，比较模型计算结果与试验数据，发现拟合程度较好。基于水分运动方程，通过数值分析湿度场变化规律，发现在绝湿条件下，水化自干燥是水化结束前混凝土相对湿度减小的主要原因，水化结束后，混凝土内环境温度变化是相对湿度变化的主要原因。

（5）得到基于热湿力耦合的两阶段早龄期混凝土应变公式。通过混凝土变形试验，指出了基于热湿耦合作用的混凝土变形研究更符合早龄期混凝土材料的变形特点。基于内埋热源早龄期混凝土变形特征，以等效龄期为时间尺度，提出以湿度饱和期和湿度下降期拐点时刻作为内埋热源早龄期混凝土变形发展的分界点，建立了多场耦合两阶段早龄期混凝土应变公式，试验研究表明该模型结果与试验数据吻合度较高。

（6）分析了导致内埋热源混凝土开裂风险的主要因素。基于得到的早龄期混凝土应变公式，得出减小导热系数，增大表面放热系数，降低环境温度，降低入模温度，提高热源温度，加长加热时间，加强端部约束都会加大混凝土开裂的风险，其中加强端部约束、提高热源温度和加长热源加热时间对开裂风险的影响最大。利用试验手段对埋有低温型伴热带混凝土微观表征进行研究，测得混凝土只在伴热带表面发生延迟钙矾石现象，没有造成混凝土开裂。

7.2 展望

围绕着内埋热源早龄期混凝土热湿力耦合作用进行了研究，并得到了一些研究成果。由于影响传热、传质的因素很多，诸多问题需要进一步研究和完善，主要包括：

书中考虑热湿力耦合作用时，主要考虑温度场、湿度场相互耦合及对应力场的作用，没有考虑应力场对温度场、湿度场的影响，以后的研究中还需要进一步完善；能够从微观的角度，开展湿度迁移理论研究。

参考文献

[1] MEHTA P K, MONTEIRO P J M. 混凝土微观结构、性能和材料(原书第4版)[M]. 欧阳东,译. 北京:中国建筑工业出版社,2016.

[2] 张涛,覃维祖. 约束程度与混凝土早期开裂敏感性评价[J]. 工业建筑,2006,36(3): 47-50.

[3] TAZAWA E, MIYAZAWA S, KASAI T. Chemical shrinkage and autogenous shrinkage of hydrating cement paste[J]. Cement and Concrete Research,1995,25(2):288-292.

[4] JENSON M, HANSEN P F. Autogenous deformation and RH-change in perspective[J]. Cement and Concrete Research,2001,31(12):1859-1865.

[5] 王铁梦. 工程结构裂缝控制—"抗"与"放"的设计原则及其在"跳仓法"中的应用 [M]. 北京:中国建筑工业出版社,2007.

[6] 张雄. 混凝土结构裂缝防治技术[M]. 北京:化学工业出版社,2006.

[7] 曹可之. 大体积混凝土结构裂缝控制的综合措施[J]. 建筑结构,2002,32(8): 30-32.

[8] LURA P, V BREUGEL K, MARUYAMA I. Effect of curing temperature and type of cement on early-age shrinkage of high-performance concrete[J]. Cement and Concrete Research, 2001,31(12):1867-1872.

[9] 张雄,张小伟,李旭峰. 混凝土结构裂缝防治技术[M]. 北京:化学工业出版社,2007.

[10] GUO J, LIU L, WANG Q. Application self-regulating heating cable curing of concreteinw inter[C]. Applied Mechanics and Materials,Switzer land:Trans Tech Publications,2014: 1531-1535.

[11] 刘琳. 冬季混凝土养护绿色施工技术应用研究[M]. 长春:吉林科学技术出版社,2017.

[12] LIU L. Study on the application of a self-regulating heater for pre-control of concrete curing temperature in winter[J]. Bulgarian Chemical Communications, 2017, 49 (K2): 32-37.

[13] 刘琳,赵文. 内埋热源混凝土冬季养护温度历程精确预控研究[J]. 东北大学学报 (自然科学版),2018,39(3):421-425.

[14] 侯景鹏. 钢筋混凝土早龄期约束收缩性能研究[D]. 上海:同济大学,2006.

[15] STEIGER R W, HURD M K. Lightweight insulating concrete for floors and roof decks[J]. Cement and Concrete Research,1978,23(7):411-422.

[16] ROLLING R S. Curling failures of steel fiber reinforced concrete slabs[J]. ASCE Journal of Performance of Constructed Facilities,1993,7(1):3-19.

[17] HAN Y D,ZHANG J,LUOSUN Y M,et al. Effect of internal curing on internal relative humidity and shrinkage of high strength concrete slabs[J]. Construction and Building Materials,2014(61):41-49.

[18] VOIGT T,YE G,SUN Z H,et al. Early age microstructure of Portland cement mortar investigated by ultrasonic shear waves and numerical simulation[J]. Cement and Concrete Research,2005,35(5):858-866.

[19] HUA C,ACKER P,EHRLACHER A. Analyses and models of the autogenous shrinkage of hardening cement paste I. modelling at macroscopic scale[J]. Cement and Concrete Research,1995,25(7):1457-1468.

[20] HUA C,EHRLACHER A,ACKER P. Analyses and models of the autogenous shrinkage of hardening cement paste II. modelling at scale of hydrating grains[J]. Cement and Concrete Research,1997,27(2):245-258.

[21] PERSSON B. Self-desiccation and its importance in concrete technology[J]. Materials and Structures,1997,30(5):293-305.

[22] DAVIS H E. Autogenous volume change of concrete[A]. Proceeding of the 43th Annual American Society for Testing Materials,Atlantic city,ASTM,1940:1103-1113.

[23] 朱伯芳. 大体积混凝土温度应力与温度控制[M]. 北京:中国水利水电出版社,2012.

[24] 张涛,覃维祖. 混凝土早期变形与开裂敏感性评价[J]. 建筑科技,2005,36(4):296-300.

[25] ACI Committee Report 207-1R-07. Guide to mass concrete[R]. Michigan:American Concrete Institute,2012.

[26] 李洪海,黄勇. 寒冷地区混凝土内部埋入电阻丝升温养护施工技术[J]. 建筑技术,2009,40(9):806-809.

[27] 倪锋. 波罗的海明珠项目冬期混凝土内置电加热回路养护法的应用[J]. 建筑施工,2010,32(7):687-689.

[28] 熊正清. 冬季混凝土电加热施工技术[J]. 工程技术,2013,35(6):77-81.

[29] 刘伟. 聚合物基 PTC 材料领域中国专利申请状况分析[J]. 中国发明与专利,2013,(8):41-45.

[30] 杨万辉,丁小斌,朱贞洪,等. 自限温电热带热稳定性的研究[J]. 中国科学技术大学学报,1994,24(3):355-360.

[31] 刘琳,郭金宝. 自限温电加热带在混凝土施工中的应用[J]. 价值工程,2015,34(5):121-122.

[32] 吕义勇. 混凝土冬期施工电热带法的分析与实践[J]. 施工技术,2006,35(8):60-61.

[33]曹文清,夏忠磊.海河特大桥墩柱混凝土冬期电伴热施工技术[J].公路,2013(8):59-62.

[34]吴承凌.鸭绿江界河大桥主塔液压爬模电伴热冬季施工技术[J].公路,2013(7):147-149.

[35]姚渊,安康,耿宇博.电伴热在土建冬期混凝土施工中的应用[J].施工技术.2017,46(S2):580-582.

[36]张扬,赵磊,杨京骜,等.冬期现浇混凝土电伴热养护技术[J].建筑技术.2017,48(6):576-579.

[37]佟琳,申和庆,刘虎.冬期施工中电伴热养护的技术研究[J].低温建筑技术.2018,40(7):150-153.

[38]BREUGEL. Prediction of temperature development in hardening concrete[R]. In Prevention of Thermal Cracking in Concrete at Early Ages,Munieh,Mareh,1998:51-75.

[39]KANSTAD T,HAMMER T A,Bjontegaard,et al. Mechanical properties of young concrete: Part I: Experimental results to test methods and temperature effects[J]. Materials and Structures,2003,36(4):218-225.

[40]KANSTAD T,HAMMER T A,Bjontegaard,et al. Mechanical properties of young concrete: Part II:Determination of model parameters and test program proposals[J]. Materials and Structures,2003,36(4):226-230.

[41]MARTINELLI E,KOENDERS E A B,CAGGIANO A. A numerical recipe for modelling hydration and heat flow in hardening concrete[J]. Cement and Concrete Composites,2013,40(7):48-58.

[42]DE SCHUTTER G. Finite element simulation of thermal cracking in massive hardening concrete elements using degree of hydration based material laws[J]. Computers and Structures,2002,80(27):2035-2042.

[43]LURA P,JENSEN O M,VAN BREUGEL K. Autogenous shrinkage in high-performance cement paste: An evaluation of basic mechanisms[J]. Cement and Concrete Research,2003,33(2):223-232.

[44]HOLT E. Contribution of mixture design to chemical and autogenous shrinkage of concrete at early ages[J]. Cement and Concrete Research,2005,35(3):464-472.

[45]PANEI,HANSEN W. Predictions and verifications of early-age stress development in hydrating blended cement concrete[J]. Cement and Concrete Research,2008,38(11):1315-1324.

[46]AMIN M N,KIM J,LEE Y,et al. Simulation of the thermal stress in mass concrete using a thermal stress measuring device[J]. Cement and Concrete Research,2009,39(3):154-164.

[47] HILAIRE A, BENBOUDJEMA F, DARQUENNES A, et al. Modeling basic creep in concrete at early-age under compressive and tensile loading[J]. Nuclear Engineering and Design, 2014, 269:222-230.

[48] KHAN I, CASTEL A, GILBERT R I. Tensile creep and early-age concrete cracking due to restrained shrinkage[J]. Construction and Building Materials, 2017, 149:705-715.

[49] 高虎, 刘光廷. 考虑温度对于弹模影响效应的大体积混凝土施工期应力计算[J]. 工程力学, 2001, 18(6):61-67.

[50] 张子明, 郭兴文, 杜荣强. 水化热引起的大体积混凝土墙应力与开裂分析[J]. 河海大学学报(自然科学版), 2002, 30(9):12-16.

[51] 王甲春, 阎培渝. 早龄期混凝土结构的温度应力分析[J]. 东南大学学报(自然科学版), 2005, 35(S1):16-18.

[52] 金南国, 金贤玉, 吴伟河, 等. 等效龄期法在混凝土早龄期温度裂缝控制中的应用[J]. 浙江大学学报(工学版), 2008, 42(1):44-47.

[53] 李骁春, 吴胜兴. 基于水化度概念的早期混凝土热分析[J]. 科学技术与工程, 2008, 8(2):441-445.

[54] 张君, 祁锟, 侯东伟. 基于绝热温升试验的早龄期混凝土温度场的计算[J]. 工程力学, 2009, 26(8):155-160.

[55] 田野, 金贤玉, 金南国. 基于水泥水化动力学和等效龄期法的混凝土温度开裂分析[J]. 水利学报, 2014, 43(S1):175-185.

[56] 陈波, 丁建彤, 蔡跃波, 等. 基于温度-应力试验的混凝土早龄期应变分离及热膨胀系数计算[J]. 水利学报, 2016, 47(4):560-565.

[57] LUIKOV A V. Heat and mass transfer in capillary-porous bodies[J]. Advances in Heat Transfer, 1964, 1:123-184.

[58] PHILIP J R, DE VRIES D A. Moisture movement in porous materials under temperature gradients[J]. Eos Transactions American Geophysical Union, 1957, 38(2):222-232.

[59] DE VRIES D A. Simultaneous transfer of heat and moisture in porous media[J]. Transactions American Geophysical Union, 1957, 39(5):909-912.

[60] WHITAKER S. Simultaneous heat, mass, and momentum transfer in porous media:a theory of drying[J]. Advances in Heat Transfer, 1977, 13(8):119-203.

[61] BAŽANT Z P, THONGUTHAI W. Pore pressure and drying of concrete at high temperature[J]. Journal of the Engineering Mechanics Division, 1978, 104(5):1059-1079.

[62] BAŽANT Z P, THONGUTHAI W. Pore pressure in heated concrete walls:theoretical prediction[J]. Magazaine of Concrete Research, 1979, 31(107):67-76.

[63] BAŽANT Z P, CHERN J C, THONGUTHAI W. Finite element program for moisture and

heat transfer in heated concrete[J]. Nuclear Engineering and Design,1982,68(1): 61-70.

[64] BAŽANT Z P,NAJJAR L J. Drying of concrete as a nonlinear diffusion problem[J]. Cement and Concrete Research,1971,1(5):461-473.

[65] MAJORANA C E,SALOMONI V,SCHREFLER B A. Hygrothermal and mechanical model of concrete at high temperature[J]. Materials and Structures,1998,31(6):378-386.

[66] ULM F J,COUSSY O. Modeling of thermomechani calcouplings of concrete at early ages[J]. Journal of Engineering Mechanics(ASCE),1995,121(7):785-794.

[67] BASHA H A,SELVADURAI A P S. Heat-induced moisture transport in the vicinity of a spherical heat source[J]. International Journal for Numerical and Analytical Methods in Geomechanics,1998,22(12):969-981.

[68] TENCHEV R T,LI L Y,PURKISS J A. Finite element analysis of coupled heat and mois-ture transfer in concrente subjected to fire[J]. Numerical Heat Transfer Applications, 2001,39(7):685-710.

[69] PURKISS J A,TENCHEV R T,KHALAFALLAH B H,et al. Finite element analysis of cou-pled heat and mass transfer in concrete when it is in a fire[J]. Magazine of Concrete Re-search,2001,53(2):117-125.

[70] GAWIN D,PESAVENTO F,SCHREFLER B A. Hygro-thermo-chemo-mechanical model-ling of concrete at early ages and beyond. Part I:hydration and hygro-thermal phenomena [J]. International Journal for Numerical Methods in Engineering,2006,67(3):299-331.

[71] BARBARA K. Prediction of coupled heat and moisture transfer in early-age massive con-crete structures[J]. Numerical Heat Transfer,2011,60(3):212-233.

[72] PARK K. Prediction of temperature and moisture distributions in hardening concrete by u-sing a hydration model[J]. Architectural Research,2012,14(4):135-161.

[73] JENDELE L,ŠMILAUER V,ČERVENKA J. Multiscale hydro-thermo-mechanical model for early-age and mature concrete structures[J]. Advances in Engineering Software,2014, 72:134-146.

[74] GASCH T,MALM R,ANSELL A. A coupled hygro-thermo-mechanical model for concrete subjected to variable environmental conditions[J]. International Journal of Solids and Struc-tures,2016,91:143-156.

[75] 王补宣,王仁. 含湿建筑材料的导热系数[J]. 工程热物理学报,1983,4(2):146-152.

[76] 陈宝明,王补宣,方肇洪. 多孔介质自然对流中温度梯度与浓度梯度的相互耦合[J]. 工程热物理学报,1995,18(2):210-214.

[77]陈宝明,王补宣,张立强,等. 多孔介质传热传质中耦合扩散效应的应用[J]. 工程热物理学报,2004,25(S1):123-126.

[78]雷树业,杨荣贵,杜建华. 非饱和含湿多孔介质传热传质的渗流模型研究[J]. 清华大学学报(自然科学版),1999,39(6):74-77.

[79]刘光廷,黄达海. 混凝土湿热传导与湿热扩散特性试验研究(Ⅰ)—试验设计原理[J]. 三峡大学学报(自然科学版),2002,24(1):12-18.

[80]刘光廷,黄达海. 混凝土温湿耦合研究[J]. 建筑材料学报,2003,6(2):173-181.

[81]刘光廷,焦修刚. 混凝土的热湿传导耦合分析[J]. 清华大学学报(自然科学版),2004,44(12):1653-1655+1671.

[82]张君,侯东伟. 基于内部湿度试验的早龄期混凝土水分扩散系数求解[J]. 清华大学学报(自然科学版),2008,48(12):2033-2035+2040.

[83]张君,韩宇栋,高原. 混凝土自身与干燥收缩一体化模型及其在收缩应力计算中的应用[J]. 水利学报,2012,43(S1):13-24.

[84]韩宇栋,张君,罗孙一鸣. 水胶比和粗骨料体积分数对混凝土内部相对湿度及扩散系数的影响[J]. 建筑材料学报,2014,17(2):193-200.

[85]龚灵力. 自密实混凝土性能及混凝土多场耦合时变形分析研究[D]. 杭州:浙江大学,2010.

[86]李昕,金南国,金贤玉,等. 干湿过程中混凝土内部水分分布数值模拟研究[J]. 水利学报,2014,45(S1):71-76.

[87]杜明月,田野,金南国,等. 基于水泥水化的早龄期混凝土温湿耦合[J]. 浙江大学学报(工学版),2015,49(8):1410-1416+1433.

[88]崔溦,陈王,王宁. 考虑性态变化的早期混凝土热湿力耦合分析及其应用[J]. 土木工程学报,2015,48(2):44-53.

[89]韩晓烽,王友辉,徐旭. COMSOL 的加气混凝土热湿耦合传质模拟分析[J]. 中国计量大学学报,2016,27(4):418-423.

[90]尤伟杰,王有志,谌菊红,等. 受约束混凝土早龄期温湿度应力计算[J]. 哈尔滨工程大学学报,2018,39(1):40-46.

[91]BARBARULO R,PEYCELON H,PRENE S,et al. Delayed ettringite formation symptoms on mortars induced by high temperature due to cement heat of hydration or late thermal cycle[J]. Cement and Concrete Research,2005,35(1):125-131.

[92]DIAMOND,DELAY S. Ettringite formation-processes and problems[J]. Cement and Concrete Composites,1996,18(3):205-215.

[93]AL SHAMAA M,LAVAUD S,DIVET L,et al. Influence of relative humidity on delayed ettringite formation[J]. Cement and Concrete Composites,2015,58(4):14-22.

[94]THOMAS M,FOLLIARD K,DRIMALAS T,et al. Diagnosing delayed ettringite formation in concrete structures[J]. Cement and Concrete Research,2008,38(6):841-847.

[95]SHEN D,WANG T,CHEN Y,et al. Effect of internal curing with super absorbent polymers on the relative humidity of early-age concrete[J]. Construction and Building Materials, 2015,99:246-253.

[96]RYU D,KO J,NOGUCHI T. Effects of simulated environmental conditions on the internal relative humidity and relative moisture content distribution of exposed concrete[J]. Cement and Concrete Composites,2011,33(1):142-153.

[97]HÖHLIG B,SCHRÖFL C,HEMPEL S,et al. Heat treatment of fresh concrete by radio waves-Avoiding delayed ettringite formation[J]. Construction and Building Materials,2017 (143):580-588.

[98]SHAO Y,LYNSDALE C J,LAWRENCE C D,et al. Deterioration of heat-cured mortars due to the combined effect of delayed ettringite formation and freeze/thaw cycles[J]. Cement and Concrete Research,1997,27(11):1761-1771.

[99]CEESAY J. The influence of exposure conditions on delayed ettringite formation in mortar specimens[D]. Washington:University of Maryland,2004.

[100]阎培渝,覃肖,杨文言. 大体积补偿收缩混凝土中钙矾石的分解与二次生成[J]. 硅酸盐学报,2000,28(4):319-324.

[101]黎梦圆. 大掺量矿物掺合料在蒸养混凝土中的应用研究[D]. 北京:清华大学,2015.

[102]INCROPERA F P,DE WITT D P,BERGMAN T L,et al. 传热和传质基本原理(原书第6版)[M]. 葛新百,叶宏,译. 北京:化学工业出版社,2016.

[103]中国冶金建设协会. GB 50496—2009,大体积混凝土施工规范[S]. 北京:中国计划出版社,2009.

[104]陈志军,康文静,李黎. 空心薄壁墩水化热温度效应研究[J]. 华中科技大学学报(自然科学版),2007,35(5):105-108.

[105]NURSE R W. Steam curing of concrete[J]. Magazine of Concrete Research,1949,1(2):79-88.

[106]SAUL A G A. Principles underlying the steam curing of concrete at atmospheric pressure [J]. Magazine of Concrete Research,1951,2(6):127-140.

[107]COPELAND L E,KANTRO D L,VERBECK G. Chemistry of hydration of portland cement [J]. National Bureau of Standards Monograph,1960,43(4):429-465.

[108]HANSEN P F,PEDERSEN E J. Maturity computer for controlling curing and hardening of concrete[J]. Nordisk Betong,1977,19(1):21-25.

[109] POWERS T C, BROWNYARD T L. Studies of the physical properties of hardened portland cement past[J]. Journal Proceedings, 1946, 43(9):469-504.

[110] CUSSON D, LOUNIS Z, DAIGLE L. Benefits of internal curing on service life and life-cycle cost of high-performan ceconcrete bridge decks-a case study[J]. Cement and Concrete Composites, 2010, 32(5):339-350.

[111] MILLS R H. Factors influencing cessation of hydration in water cured cement pastes[C]. Highway Research Board Special Report, 1966:406-424.

[112] HANSEN T C. Physical structure of hardened cement paste: A classical approach[J]. Mater Struct, 1986, 19(6):423-436.

[113] BYARD B E, BARNES R W, SCHINDLER A K. Early-age cracking tendency and ultimate degree of hydration of internally cured concrete[J]. Journal of Materials in Civil Engineering, 2012, 24(8):1025-1033.

[114] 赵晖, 吴小明, 高波, 等. 水泥细度对混凝土劣化性能的影响[J]. 建筑材料学报, 2010, 13(4):520-523.

[115] 马保国, 张平均, 许婵娟, 等. 微矿粉在大体积混凝土中水化热及抗裂分析[J]. 武汉理工大学学报, 2003, 25(11):19-21.

[116] LIN F, MEYER C. Hydration kinetics modeling of Portland cement considering the effects of curing temperature and applied pressure[J]. Cement and Concrete Research, 2009, 39 (4):255-265.

[117] VAN BREUGEL K. Simulation of hydration and formation of structure in hardening cement based materials[J]. Computers and Structures, 2002(80):2035-204.

[118] LOW K S, NG S C, TIOH N H. Thermal conductivity of soil-based aerated lightweight concrete[J]. KSCE Journal of Civil Engineering, 2014, 18(1):220-225.

[119] UYSAL H, DEMIRBOĞA R, ŞAHIN R, et al. The effects of different cement dosages, slumps, and pumice aggregate ratios on the thermal conductivity and density of concrete [J]. Cement and Concrete Research, 2004, 34(5):845-848.

[120] 孙红萍, 袁迎曙, 蒋建华, 等. 表层混凝土导热系数规律的试验研究[J]. 混凝土, 2009(5):59-61.

[121] 周辉, 钱美丽, 冯金秋, 等. 建筑材料热物理性能与数据手册[M]. 北京:中国建筑工业出版社, 2010.

[122] 肖建庄. 混凝土导热系数试验与分析[J]. 建筑材料学报, 2010, 13(1):17-21.

[123] BOUGUERRA A, LEDHEM A, DE BARQUIN, et al. Effect of microstructure on the mechanical and thermal properties of lightweight concrete prepared from clay, cement, and wood aggregate[J]. Cement and Concrete Research, 1998, 28(8):1179-1190.

［124］SCHINDLER A K. Concrete hydration,temperature development,and setting at early-ages ［D］. Austin:University of Texas at Austin,2002.

［125］International Federation for Structural Concrete. Fib model code for concrete structures 2010［S］. Berlin:Ernst and Sohn,2013.

［126］中华人民共和国住房和城乡建设部. GB/T 51028-2015,大体积混凝土温度测控技术规范［S］. 北京:中国建筑工业出版社,2015.

［127］AZENHA M,FARIA R,FERREIRA D. Identification of early-age concrete temperatures and strains:Monitoring and numerical simulation［J］. Cement and Concrete Composites, 2009,31(6):369-378.

［128］亢景付,随春娥,张雪涛,等. 基于应变计观测数据的混凝土温度应力解析［J］. 实验力学,2013,28(1):121-126.

［129］吕惠卿,张湘伟,张荣辉,等. 振弦式应变计在水泥混凝土路面力学性能测试中的应用［J］. 公路交通科技,2007(2):61-63.

［130］陈常松,颜东煌,陈政清,等. 混凝土振弦式应变计测试技术研究［J］. 中国公路学报,2004,17(1):33-37.

［131］杨青涛. 电阻应变计与振弦式应变计应力对比试验［J］. 广东建材,2012(12):43-45.

［132］张向东,柴源,刘佳琦. 振弦式应变计在箱型梁桥中的测试技术［J］. 辽宁工程技术大学学报,2015,34(1):48-45.

［133］POWERS T C,BROWNYARD T L. Physical properties of hardened cement paste［J］. Proceedings,1946,18(3):250-336.

［134］POWERS T C. Structure and physical properties of hardened Portland cement paste［J］. Journal of the American Ceramic Society,1958,41(1):1-6.

［135］BAŽANT Z P. Constitutive equation for concrete creep and shrinkage based on thermodynamics of multi-phase systems［J］. Materials and Structures,1970,3(1):3-36.

［136］李春秋. 干湿交替下表层混凝土中水分与离子传输过程研究［D］. 北京:清华大学,2009.

［137］李春秋. 干湿交替下表层混凝土中水分传输-理论-试验和模拟［J］. 硅酸盐学报,2010,38(7):1151-1159.

［138］ZHANG J,QI K,HUANG Y. Calculation of moisture distribution in early-Age Concrete ［J］. Journal of Engineering Mechanics,2009,135(8):871-880.

［139］ZHANG J,GAO Y,HAN Y D. Interior humidity of concrete under dry-wet cycles［J］. Journal of Materialsin Civil Engineering,2012,24(3):289-298.

［140］张君,侯东伟,高原. 混凝土自收缩与干燥收缩的统一内因研究［J］. 清华大学学报

（自然科学版），2010,50(9):1321-1324.

[141]蒋正武,王培铭. 等温干燥条件下混凝土内部相对湿度的分布[J]. 武汉理工大学学报,2003,25(7):18-21.

[142]PERSSONB. Self-desiccation and its importance in concrete technology[J]. Materials and Structures,1997,30(5):293-305.

[143]OH B H,CHA S W. Nonlinear analysis of temperature and moisture distribution in early-age concrete structures based on degree of hydration[J]. ACI Materials Journal,2003,100(5):361-370.

[144]ZHANG J,HOU D W,GAO Y. Calculation of shrinkage stress in early-age concrete pavements. I:calculation of shrinkage strain[J]. Journal of Transportation Engineering,2013(139):961-970.

[145]祖巴列夫. 非平衡统计热力学[M]. 李沅柏,译. 北京:高等教育出版社,1982.

[146]杨东华. 不可逆过程热力学及工程应用[M]. 北京:科学出版社,1989.

[147]德格鲁脱S R,梅休尔P. 非平衡态热力学[M]. 陆全康,译. 上海:上海科学技术出版社,1981.

[148]施楣梧,姚穆. 纺织品热湿传递中的交叉效应[J]. 西北纺织工学院学报,2001,15(2):29-32.

[149]王中平,王振. 混凝土导电量与气体渗透系数的相关性[J]. 建筑材料学报,2010,13(1):80-84.

[150]BAŽANT Z P,NAJJAR L J. Nonlinear water diffusion in nonsaturated concrete[J]. Materials and Structures,1972,5(1):3-20.

[151]龙激波. 基于多孔介质热质传输理论的竹材结构建筑热湿应力研究[D]. 长沙:湖南大学,2013.

[152]BRUE F,DAVY C A,SKOCZYLAS F,et al. Effect of temperature on the water retention properties of two high performance concretes[J]. Cement and Concrete Research,2012,42(2):384-396.

[153]BENBOUDJEMA F,MEFTAH F,TORRENTI J M. Interaction between drying,shrinkage,creep and cracking phenomena in concrete[J]. Engineering Structures,2005,27(2):239-250.

[154]KIM J K,LEE C S. Moisture diffusion of concrete considering self-desiccation at early ages[J]. Cement and Concrete Research,1999,29(12):1921-1927.

[155]GRACE W R. Chloride penetration in marine concrete-a computer model for design and service life evaluation[J]. Corrosion,1991(47):1-19.

[156]WONG S F,WEE T H,LEE S L. Study of water movement in concrete[J]. Magazine of

Concrete Research,2001,53(3):205-220.

[157] CRETE D. Probabilistic performance based durability design of concrete structures statistical quantification of the variables in limit state functions[M]. The European Union—Brite Euram Ⅲ,Project BE 95-1347,1998.

[158] BASHAB H A,SELVADURAI A P S. Heat induced moisture transport in the vicinity of a spherical heat source[J]. International Journal for Numerical and Analytical Methods in Geomechanics,1998(22):969-691.

[159] NEVILLE A M. Properties of concrete[M]. 2nd Edition. New York:Pitman Publishing, 1978.

[160] ATKINS P. Physical chemistry[M]. Oxford:Oxford University Press,1998.

[161] HOLT E,Early age autogenous shrinkage of concrete[D]. Seattle:University of Washington,2001.

[162] 沈德建,申嘉鑫,黄杰,等. 早龄期及硬化阶段水泥基材料热膨胀系数研究[J]. 水利学报,2012,43(S1):153.

[163] 杨永清,鲁薇薇,李晓斌,等. 自然环境混凝土徐变试验和预测模型研究[J]. 西南交通大学学报,2015,50(6):977-1010.

[164] 陆采荣,吴胜兴. 大坝混凝土早期热、力学特征及开裂机理[M]. 郑州:黄河水利出版社,2010.

[165] GRASLEY Z C,LANGE D A,AMBROSIA M D D. Internal relative humidity and drying stress gradients in concrete[J]. Materials and Structures,2006,39(9):901-909.

[166] 邹小江,寿楠椿,江素华,等. 混凝土徐变系数与徐变度的对比分析[J]. 郑州工业大学学报,2001,22(1):46-48.

[167] American concrete Institute committee. ACI 209. 2R-08,Guide for modeling and calculating shrinkage and creep in hardened concrete[S]. Michigan:American Concrete Institute, 2008.

[168] BAŽANT Z P,BAWEIA S. Creep and shrinkage prediction model for analysis and design of concrete structures—model B3[J]. Material and Structures,1995,28(6):357-365.

[169] European committee for standardization. EN1992-1-1 Eurocode 2,Design of concrete structures[S]. Berlin:Beuth Verlag Gmb H,2004.

[170] 中交公路规划设计院. JTG 3362-2018,公路钢筋混凝土及预应力混凝土桥涵设计规范[S]. 北京:人民交通出版社,2018.

[171] NERILLE A M,DILGER W H,BROOKS J J. Creep of plain and structural concrete[M]. New York,Longinan Inc,1983:191-206.

[172] NASSER K W,MARZOUK H M. Properties of mass concrete containing fly ash at high

temperatures[J]. Aci Materials Journal,1979,76(4):537-550.

[173]王培铭,徐玲琳,张国防.0~20℃养护下硅酸盐水泥水化时钙矾石的生成及转变[J]. 硅酸盐学报,2012,40(5):646-649.

[174]马惠珠,李宗奇.混凝土中钙矾石的形成建筑科学[J]. 建筑科学,2007,23(11):105-110.